0~6岁
全程育儿
大百科

高级育婴师、高级公共营养师　程玉秋　编著

全国百佳图书出版单位
中国中医药出版社
·北京·

图书在版编目（CIP）数据

0～6岁全程育儿大百科 / 程玉秋编著 .—北京：
中国中医药出版社，2024.1
ISBN 978－7－5132－8430－1

Ⅰ.①0…　Ⅱ.①程…　Ⅲ.①婴幼儿－哺育　Ⅳ.
①TS976.31

中国国家版本馆 CIP 数据核字 (2023) 第 184753 号

中国中医药出版社出版

北京经济技术开发区科创十三街 31 号院二区 8 号楼
邮政编码　100176
传真　010-64405721
北京盛通印刷股份有限公司印刷
各地新华书店经销

开本 889×1194　1/24　印张 12　字数 331 千字
2024 年 1 月第 1 版　2024 年 1 月第 1 次印刷
书号　ISBN 978－7－5132－8430－1

定价　59.80 元
网址　www.cptcm.com

服 务 热 线　010-64405510
购 书 热 线　010-89535836
维 权 打 假　010-64405753

微信服务号　zgzyycbs
微商城网址　https://kdt.im/LIdUGr
官 方 微 博　http://e.weibo.com/cptcm
天猫旗舰店网址　https://zgzyycbs.tmall.com

如有印装质量问题请与本社出版部联系（010-64405510）

PREFACE
前言

　　在爸爸妈妈的期盼下，可爱的小宝宝降生了，新手爸妈沉浸在这无比的幸福之中。宝宝是上天赐予父母的珍贵礼物，在初为人父人母的喜悦中，是不是也会觉得自己有一种光荣而又神圣的使命感呢？

　　看着自己的小宝宝，作为爸妈，都想着要让宝宝能够健康茁壮地成长。当然，作为新手爸妈，会遇到不少甜蜜的养育烦恼，在宝宝成长过程中，这些烦恼会一直伴随着爸爸妈妈。其实，新手爸妈要学的、要做的，就是提供顺应宝宝自然成长的环境，激发宝宝内在的自然天赋。看着宝宝慢慢长成能跑会跳、有思想有感情的个体，作为父母在体会这个奇妙无比的过程的同时，也会觉得很自豪。

　　不少新手爸妈对宝宝每个成长阶段的发育特点、行为方式、思维特点等的了解还远远不够，为此我精心编撰了本书。本书介绍了科学、全面、实用、前沿的育儿理念，深入解析宝宝成长的各个阶段，手把手教每一位新手爸妈解决宝宝正确喂哺、性格培养、习惯形成等各个方面的问题。在成长的每个阶段，新手爸妈该如何对宝宝进行悉心呵护？怎样吃才能让宝宝更聪明、长得更高？如何掌握智能启蒙法，培养出色的宝宝？当宝宝患感冒、水痘等疾病时，如何进行家庭护理？

　　本书对这些养育问题进行了详细介绍，仔细阅读书中的内容，新手爸妈就会找到解决问题的方法。希望所有爸爸妈妈都能培养出健康聪明、活泼可爱的宝宝！

目录 CONTENTS

第3章 2~3个月的宝宝

第6章 5~6个月的宝宝

第9章 8~9个月的宝宝

第12章 11~12个月
的宝宝

第15章 1岁7个月~
1岁9个月的宝宝

第18章 2岁7个月~3岁的宝宝

第19章 3~4岁的宝宝

第20章 4~5岁的宝宝

第21章 5～6岁的宝宝

宝宝出生啦

出生情况： 体重 _____ 千克　　　　身长 _____ 厘米

分娩方式： □自然分娩　　　　□剖宫产（原因：　　　　　　　　　　　）

接种卡介苗　　　　　　　□有　　　　　□没有

接种乙肝疫苗　　　　　　□有　　　　　□没有

新生儿疾病筛查　　　　　□有　　　　　□没有

新生儿听力筛查　　　　　□有　　　　　□没有

开奶时间： 出生后 _____ 小时

出院时喂养方式　　　　　□纯母乳　　　□混合　　　□人工

摁下宝宝的小手印和小脚印吧

第1章

0~28天
新生儿

身心特点

"睡懒觉"是新生宝宝的特权

刚出生的宝宝睡眠时间相对长一些，每天可达 20 小时以上。渐渐地睡眠时间会有所减少，每天在 16~18 小时。

早期新生宝宝睡觉大多不分昼夜，出生后 100 天左右才能区分白天和黑夜。当宝宝从睡眠中醒来后哭泣时，应该查明是肚子饿了，还是尿布湿了等原因。

有些宝宝每天睡不了那么长时间，爸爸妈妈也不要担心，只要他能吃，体重也正常增加，睡得很香甜，那么比平均睡眠时间少几个小时也是正常的。

哭是新生宝宝特殊的语言

整个新生儿时期，宝宝都在通过啼哭来表达自己的意愿，如饥饿、口渴、想让妈妈抱抱、身体不舒服等。不同的意愿哭声不同，相信新手妈妈会渐渐学会听懂这种语言。

大多数时候，新生宝宝的啼哭声抑扬顿挫，声音响亮，节奏感强，没有泪液流出，每日累计啼哭时间可达 2 小时，每日 4~5 次，每次哭的时间较短，无伴随症状，不影响饮食、睡眠及玩耍。如果爸爸妈妈轻轻触摸宝宝，或朝他笑笑，或把他的两只小手放在腹部轻轻摇两下，他就会停止啼哭，这样的啼哭是一种运动方式，表明宝宝非常健康。

视觉和听觉发育

出生后第一个月内，宝宝的视力将发生许多变化。刚出生时宝宝只能看见身旁的物体，逐渐喜欢看在他前方 20~35 厘米处的物体，一个月时可以看见 2~3 米外的物体。宝宝还将学会追踪运动的物体，并且喜欢黑白或者高对比度的图案，喜欢看人的面孔甚于看其他图案。新生宝宝最喜欢看妈妈的脸，当妈妈注视宝宝时，宝宝会专注地看着妈妈的脸，眼睛变得明亮，显得非常兴奋，有时甚至会手舞足蹈。

在第一个月内，新生宝宝的听力发育完全成熟，会密切注意人类的声音，也会对噪声敏感。在这个阶段，宝宝不仅听力较好，而且能记住他听到的一些声音，会将头转向发出熟悉声音的位置。

六种认知状态

随着对宝宝了解的深入，你会认识到有时他警觉而主动，有时他可以观察但被动，有时他很疲劳而且易被激怒，但这种所谓的知觉状态可在第一个月内发生戏剧性变化。实际上，宝宝一天中有六种要循环几次的知觉状态，其中有两种睡眠状态，三种清醒状态，一种半清醒状态。

1	深睡眠	躺着不动
2	浅睡眠	睡觉时有身体活动，可被噪声惊醒
3	瞌睡	眼睛开始闭合，打盹
4	平静而警觉	眼睛睁开，表情明朗，身体不动
5	活动而警觉	面部和肢体主动活动
6	哭泣	哭泣或哭叫，身体乱动

独特的性格和天生的交流能力

宝宝在生命的最早期就会有自己独特的个性特征，在他做的每一件事中都有自己个性的影子。宝宝是活泼型还是文静型，是独特型还是一般型，爸爸妈妈应该注意有关信号并做出相应的反应，从宝宝一出生就应该按照他们的不同性格采用不同的养育方式。

新生宝宝天生就具有与外界交流的能力。与妈妈对视，就是交流的开始。当妈妈说话时，正在吃奶的新生宝宝会暂时停止吸吮，或减慢吸吮速度，听妈妈说话，别人说话他就不理会了。当宝宝哭闹时，爸爸妈妈把他抱在怀里，用亲切的语言和他说话，用疼爱的眼神和他对视，宝宝会安静下来，还可能对爸爸妈妈报以微笑，让爸爸妈妈更加疼爱自己。

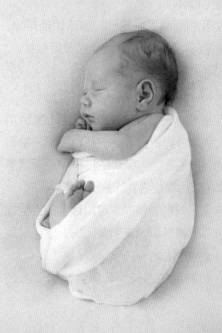

喂养要点

珍惜初乳

1. 初乳所含的免疫球蛋白可以覆盖在新生儿未成熟的肠道表面，阻止细菌、病毒的附着，提高新生儿的抵抗力。

2. 初乳含有保护肠道黏膜的抗体，能预防肠道疾病的发生。

3. 初乳的蛋白质含量高，热量高，让宝宝更容易消化和吸收。

4. 初乳能刺激胃肠蠕动，加速胎便排出，加快肝肠循环，减轻新生儿生理性黄疸症状。

促进乳汁分泌的方法

1. 促进乳汁分泌的最好方法是让宝宝用力吸吮。大部分妈妈都不是一开始就能分泌很多乳汁的，多是在宝宝吸吮的过程中逐渐增多的，宝宝的吸吮有促进乳汁分泌的作用。

2. 宝宝吸吮能力弱时，可以让别的宝宝或对育儿热心的爸爸吸吮来刺激乳房，这也是促进乳汁分泌的方法之一。

3. 一般产后三四天，乳房会明显变胀发硬，这是泌乳的前兆。乳房中某些部位可形成硬结，但这不是乳腺炎导致的。此时，可以让开奶师开始做乳房按摩，同时用温度适宜的湿毛巾热敷，每次敷 2~3 分钟，然后避开硬结，从其周围向乳头方向轻揉 5~10 分钟。

4. 按摩也是个不错的促进乳汁分泌的方法。具体做法是用温毛巾包住乳房，双手上下揉搓，接着放开毛巾，改用上下画圆圈的方式来按摩，然后将拇指和其他四指分开，握住乳房，轻轻推向乳头方向，再用拇指和食指轻轻挤压乳晕。

5. 睡眠要充足，心情要保持舒畅，对自己要充满信心。保证身体状态良好，这对乳汁分泌是非常重要的。

早产儿的喂养方法

早产儿对营养的需求相对较高，但其胃容量小，容易溢奶，故喂奶应坚持少量多次的原则，喂奶的时间间隔可以相应缩短到 2~3 小时。早产儿应首选母乳喂养，可额外添加"母乳强化剂"，以补充母乳中某些营养成分的不足。如不能喂母乳，则应选择早产儿配方奶粉。如果是胎龄不足 34 周的早产儿，其吸吮、吞咽功能较差，一般需要住院，在医护人员的看护下喂养。

混合喂养的最佳方法

混合喂养也叫部分人工喂养，适用于母乳不足情况下的婴儿喂养。方法有两种：补授法和代授法。

1

补授法

每次喂母乳后，不足部分用配方奶补齐，这样做的好处是能保证宝宝每顿都可以吃上一定量的母乳。

2

代授法

用奶粉完全代替一次或几次母乳，其中奶粉喂养的次数不超过母乳喂养次数的一半。

混合喂养要充分利用有限的母乳，尽量多喂母乳。如果因为妈妈认为母乳不足，就减少母乳喂养的次数，反而会使母乳越来越少。喂母乳的时间要均匀分开，不要很长时间都不喂母乳。

低体重儿的喂养方法

低体重儿是指出生体重小于 2500 克的新生儿，在喂养上要注意以下两方面：

1

喂奶量

第一天为每千克体重 60 毫升，往后每天每千克体重增加 20 毫升，直至总量达到每天每千克体重 200 毫升。

2

喂奶次数

每天喂养 8~12 次，每 2~3 小时喂 1 次，持续喂养直至宝宝体重达到或超过 2500 克，能够正常进行母乳喂养。

护理要点

出黄疸大多是正常的

部分新生儿在出生后1周内会出现皮肤黄染，即"黄疸"，这主要是由新生儿胆红素代谢的特点决定的，一般出现在面、颈部，还可能出现在躯干和四肢。如果仅仅是轻度发黄，但全身情况良好，就属于程度较轻的生理性黄疸。生理性黄疸一般在出生后2~3天开始出现，4~6天时最黄，经过7~10天逐渐消退，一般不需要进行治疗。

如何判断黄疸的程度

如果黄疸出现得过早（如出生后24小时内即出现）、症状过重、消退时间延迟、黄疸退后复现、日益加重等，就需要警惕是否为病理性黄疸了。

要判断黄疸的程度，可在自然光下观察新生儿的皮肤，如果仅仅是面部皮肤黄染，则为轻度黄疸；如果躯干皮肤出现黄染，则为中度黄疸；如果四肢和手足心皮肤也出现黄染，到出生后14天仍不消退，即为重度黄疸，

有可能是病理性黄疸，应该做进一步的检查和治疗。

喂奶的正确姿势

在喂奶过程中，妈妈要保持放松、舒适。

妈妈用手臂托着宝宝的头，使他的脸和胸脯靠近妈妈，下颌紧贴妈妈的乳房。用手掌托起乳房，用乳头刺激宝宝口唇，待宝宝张嘴，就将乳头和乳晕一起送入宝宝嘴里。用手握住乳房上、下方，托起整个乳房，以便于宝宝吸吮，并防止堵住宝宝的鼻子。

> **温馨提示**
>
> **喂奶的注意事项**
> - 妈妈应先用热毛巾按摩肿胀的乳房，然后喂奶，两边的乳房要交替着喂。
> - 妈妈在给宝宝喂完奶后，要将宝宝抱起来轻拍背部，让宝宝打嗝后再缓缓将其放下，这样能有效防止宝宝溢奶。

新生儿最好跟妈妈睡一个房间

现代亲密育儿法提倡母婴同室，可以将小床并在大床一侧，当宝宝对妈妈有需求时，妈妈就能及时做出反应。宝宝一出生就要和妈妈待在一起，要充分进行肌肤接触。蒙氏教育理念认为，爸爸妈妈触摸宝宝身体对宝宝的健康和智力发育具有重要作用，所以一定不要吝啬你的抚摸和拥抱。

脐带护理

宝宝出生后 7~10 天，脐带会自动脱落。在脐带脱落前，为了避免脐带感染，一天至少要帮宝宝做 3 次脐带护理。

准备用品

棉签、75% 医用酒精、医用纱布和胶带。

护理步骤

1. 洗净双手，将脐带轻轻拉起。
2. 用蘸过酒精的棉签从脐带根部开始消毒。
3. 从脐带根部由内往外进行消毒。
4. 消毒完毕，将脐带轻轻折叠在肚脐上，覆盖几层叠好的纱布，然后用胶带固定四周。
5. 脐带脱落后，仍要继续护理肚脐。每次先消毒肚脐中央，再消毒肚脐外围，直到确定脐带根部完全干燥后才算完成。
6. 如果脐带根部发红，或脐带脱落后伤口不愈合，要立即送宝宝到医院治疗。

7. 新手妈妈要注意，干瘪而未脱落的脐带很可能会让娇嫩的宝宝有磨痛感，因此妈妈在给宝宝穿衣、喂奶时，要注意不要碰到它。这个时期的宝宝如果突然大哭，又找不到其他原因，可能就是脐带磨痛他了。

给宝宝选择这样的纸尿裤

有超强的吸水力

宝宝的新陈代谢，尤其是水代谢非常活跃，而且膀胱小，每天都要排好多次尿。如果护理不及时，屁屁经常处于潮湿的状态，长期如此容易形成"尿布疹"。

所以，在选择纸尿裤时，应挑选那些含有高分子吸收体、具有超强集中吸收能力的款式。

柔软且无刺激

宝宝的皮肤厚度只有成人皮肤的 1/10，角质层很薄。因此，与宝贝皮肤接触的纸尿裤表面应柔软舒适，就像棉内衣一样，包括伸缩腰围、粘贴胶布也应如此。而且，纸尿裤不应含有刺激性成分，以免引起宝宝过敏。

透气性好

宝宝皮肤上的汗腺排汗孔仅有成人的 1/2 大，甚至更小。在环境温度增高时，如果湿气和热气不能及时散出，宝宝的屁屁就会潮湿，诱发痱子和"尿布疹"。

让宝宝更聪明的
认知训练

运动训练

能力特点

宝宝一出生就有一定的运动能力，比如打哈欠、凝视、笑、吸吮自己的拳头、蹬腿、挥手、晃胳膊、扭头等，这些都是宝宝天生的本领，更是培养动作与运动能力的最佳基础。因此，应该从宝宝出生起就加以培训和锻炼。

训练要点

在出生后第一个月里，妈妈可以教宝宝做一些被动操，比如抬头、抓握与肢体训练等，这些训练对新生宝宝的生长发育都非常有利。

注意事项

平时不宜将宝宝捆绑得太紧，满月后衣服也要宽松、柔软、舒适，让宝宝的肢体自由伸展。捆绑得太紧不仅会压迫肌肉，限制四肢的活动，还会影响身体发育，所以要尽可能地使宝宝的身体舒服些。

视力训练

能力特点

新生宝宝已经有了视觉，对光线的刺激十分敏感，但是视物能力还是很弱的，只能看到距离自己 20 厘米左右的物体，眼睛可以追踪运动的物体，也可向声源方向移动目光。

训练要点

选择一些黑白色的吊挂玩具，悬挂在距离宝宝眼睛 20～40 厘米处。如果玩具较大，比如气球、较大的毛绒玩具等，随着宝宝月龄的增加，可适当拉开玩具与宝宝的距离。

听力训练

能力特点

新生宝宝出生后会发出响亮的哭声，自己也能清楚地听到。宝宝的听力比较强，喜欢妈妈柔和的声音。如果周围比较嘈杂，宝宝会表现出烦躁不安。宝宝对有节奏的声音更加敏感，妈妈还可准备一些可以捏响的玩具逗引宝宝。宝宝的听力和记忆力很好，能记住自己听到的一些声音。

💡 训练要点

在孕期进行胎教的妈妈会发现，宝宝出生后重新给宝宝讲这个故事时，宝宝会表现出注意力集中的样子，似乎已经很熟悉了。可以连续几天给宝宝读喜欢的故事，然后过 1~2 天再重复读这个故事，看他是否能够识别出来。此外，给宝宝唱歌、听音乐，在他耳边摇铃或者拍几下手掌，都是训练宝宝听力的简单方式。

语言训练

💡 能力特点

一个月以下的新生宝宝，已经能区别语言声和非语言声，以及不同人发出的语音。如果妈妈和他说话，他能注视妈妈的脸，并露出反射性微笑，有时还会发出"咿咿呀呀"的语音，这就是宝宝最初的语言。

💡 训练要点

爸爸妈妈要为宝宝营造一个温暖亲切的语言环境，让他多听别人讲话，而且要多和宝宝说话，提高宝宝对讲话的兴趣。在宝宝哭闹时，要把他抱起来贴近胸口处，让他听一听妈妈的心跳声。

妈妈平时要用温柔的语调跟宝宝说话，对他微笑，轻轻哼唱一些摇篮曲或优美的歌曲，用玩具逗逗他，吸引他注视妈妈的脸，启发他模仿大人发音。

要多跟宝宝对话，宝宝在 2~3 周大时，就会发出"哦哦"的声音来回应妈妈的问话，妈妈问得越多，宝宝的语言反应就越多。要坚持每天都与宝宝讲话，在换尿布、喂奶、洗澡、洗脸时都可以跟宝宝讲话。与宝宝讲话时应注视宝宝的眼睛，语音尽量轻柔，表情要有所变化，不要过于呆板。

情绪训练

💡 能力特点

宝宝高兴的时候就会满面笑容，悲伤、难过的时候会放声大哭，发怒的时候脸色会很不好看。因此，家长对于宝宝的表情和情绪的变化一定要认真对待，培养一个性格情感都健全的宝宝。

💡 训练要点

想办法让宝宝感到愉快、舒适、有安全感，激发宝宝对周围事物的兴趣，提高对外界刺激的接受能力。在宝宝吃完奶后，妈妈可以把他抱起来，用温柔舒缓的语调对他说话，鼓励他跟自己进行情感交流。

亲子游戏

运动游戏

扭扭操 🔍

游戏目的 有助于全身运动，训练宝宝的肢体力量和协调性。

准备用具 无。

参与人数 2人。

游戏玩法

❶ 让宝宝平躺，握住宝宝的双脚。

❷ 将左脚抬起，交叠于右脚上（注意此时宝宝的腰部应该微微扭转）。

❸ 恢复平躺，如此左右各重复10次。

视力游戏

看床边的挂饰 🔍

游戏目的 能够刺激视觉，培养宝宝的注意力。

准备用具 能够发出声音的黑白色床边挂饰。

参与人数 2人。

游戏玩法

❶ 让宝宝仰卧，然后在距离宝宝脸部30厘米的上方挂上床边挂饰。通过对比强列的黑白床边挂饰吸引宝宝的视线。

❷ 刚开始宝宝的注意力只能集中5秒左右，但慢慢地会延长。只要宝宝喜欢这种游戏，就可以重复3~4次，仔细观察宝宝的表情和行为。

听力游戏

听小铃铛的声音 | 🔍

游戏目的 有助于全身运动，以及视觉和听觉的发育。

准备用具 能够发出声音的铃铛。

参与人数 2人。

游戏玩法

❶ 用小铃铛的声音吸引宝宝的视线，然后在宝宝的不同方向摇晃小铃铛。

❷ 如果宝宝向声音传来的方向转头，就应该给予鼓励。

温馨提示

铃铛声音不宜过响，可选用毛绒玩具上的铃铛。

音律游戏

宝宝听音乐 | 🔍

游戏目的 促进宝宝的情感发育。

准备用具 古典音乐或节奏明快的童谣。

参与人数 2人。

游戏玩法

❶ 每天给宝宝选两三首古典音乐或节奏明快的童谣，在早上起床或喝奶睡觉前放给宝宝听。

❷ 抱起宝宝，妈妈可以随着节奏摇动自己的身体，持续5~10分钟。此时，宝宝还不能控制颈部，因此不能摇晃宝宝，必须用手托住宝宝的头部。

温馨提示

音乐的音量不要太大，要让宝宝能够享受音乐带来的美妙乐趣。

专题 抚触，让宝宝沐浴在母爱里

亲子接触可以体现你对宝宝最初的关怀，也是新生儿的基本需要。它能促进宝宝感觉、智力的全面发展，促进宝宝身体健康，更能增进亲情交流，是一种最简便和最行之有效的方法。

抚触准备工作

最佳的亲子抚触时机是两次喂奶之间，宝宝情绪不错、不饿不渴的时候。刚开始，可能小宝宝还不太适应，可以少做一会儿，每个动作做2~3次就可以了。等宝宝适应后，可以重复多做，并适当延长时间。

1.选择一个温暖、舒适的环境，室温25~28℃，相对安静，没有很强的光线照射。

2.放一首轻柔的音乐，可以是妈妈怀孕时听过的胎教音乐，宝宝可能会感到熟悉，也会很喜欢。

3.做抚触前要准备好干净的衣服、尿布等，待抚触结束就给宝宝换上。

抚触顺序

抚触的顺序一般是从宝宝的头开始，再到身体的其他部分，具体顺序为前额、下颌、头部、胸部、腹部、上肢、下肢、背部、臀部。当然，也可以按照自己和宝宝的喜好来，只要能达到亲子抚触的效果就行。

前额

仰卧，拇指指腹从眉心处向外侧滑动，止于两侧发际，从眉心处开始抚触全部前额皮肤。

下颌

双手拇指指腹从下颌中央向外、向上滑动，止于耳前。

头部

一只手托头，另一只手从宝宝一侧的前发际抚向后发际，到耳后部停止，再换另一侧，照此动作进行。

💡 胸部

双手指腹分别由胸外下侧抚向对侧外上方（似"X"形），到肩部停止。

💡 腹部

手掌自宝宝的左上腹滑向左下腹，画出字母"I"，然后自右上腹滑向左上腹，再滑向左下腹，画出字母"L"，最后自右下腹经右上腹、左上腹滑向左下腹，画出字母"U"。

注意：沿顺时针方向抚触，可以促进宝宝的胃肠消化；沿逆时针方向抚触，可以和中健脾。如果小宝宝的脐带还未脱落，小心不要碰到它。

温馨提示

抚触的力度与时机

- 宝宝越小，力度要越轻。如果所有动作完成后，宝宝的皮肤微微发红，说明力度正好；如果刚做了两下，宝宝就哭闹，而且皮肤发红，可能是劲用大了；如果所有动作都做完，宝宝的皮肤没有任何变化，则说明力度不够。
- 不要在宝宝刚吃完奶，或者正饿、正困的时候进行抚触。如果宝宝在你抚触时突然大哭或蹬腿表示反感，一定要及时停止，并查找原因。

💡 上肢

自上臂向腕部轻揉，然后抚触手掌、手背和各手指。

注意：要自如地转动宝宝的手腕、肘部、肩部等处的关节，否则宝宝会感到痛。

💡 下肢

自大腿根部向足踝轻揉，然后抚触足底、足背及足趾。

注意：不要在宝宝的关节部位施加压力。

💡 背部

俯卧，自颈部至骶部沿脊柱两侧向外侧做横向抚触，然后再做纵向抚触。

💡 臀部

双手在臀部两侧同时做环形抚触。

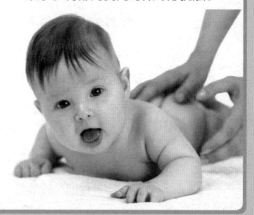

1 个月宝宝生长发育记录

项目	您的宝宝	男（均值）	女（均值）
体重（千克）		4.5	4.2
身长（厘米）		54.7	53.7
头围（厘米）		37.3	36.5
胸围（厘米）		37.9	36.9
坐高（厘米）		33	

宝宝的特点

- 尚不能随意运动，不能改变自己身体的姿势与位置。动作多为无规则、不协调的。

- 拉着手腕坐起来后，宝宝的头会向前倾，下巴靠近胸部，背部弯曲，就像英文字母"C"一样。

- 用玩具触碰宝宝的手掌，宝宝的手会紧紧地握成小拳头。

- 宝宝能看见距离脸部 25 厘米以内的物体。平躺时，能发现并追视视线范围内的物体。

- 当听到平缓的声音时，宝宝会睁大眼睛并微笑，活动会减少，表现得比较安静；当听到突然出现的较大、较刺耳的声音时，宝宝会有颤抖等受到惊吓的表现。

- 能发出各种细小的喉音。

第2章

1~2个月的宝宝

身心特点

身体发育十分迅速

宝宝此时的体重增长较快，平均每月可增加1200克。人工喂养的宝宝每月可增加1500克，甚至更多。但是，体重增长的程度存在着显著的个体差异。如果您的宝宝在这一时期增长得有些慢，不要过于着急，只要排除疾病因素，到了下一个月大多就会完成补长。

宝宝刚出生时，俯卧时还不能抬头，但是出生1个月以后就能够短时间抬起头左右活动。尽管还不能完全用脖子支撑，但是抓住宝宝的双臂向上抬的话，脖子会随着向上挺，说明手臂已经产生了一定的力量。宝宝吸吮乳头的动作更加熟练，力量也增强了。

宝宝的身体活动逐渐频繁

宝宝醒着的时间延长，吃奶量增加，四肢动作幅度增大，表情更加丰富。宝宝有时会把手指放在嘴里吸吮，这属于正常的游戏行为，并不代表肚子饿。妈妈需要注意保持宝宝双手的清洁，以免生病。到了一定的时期，宝宝就不会再吸吮手指了。如果宝宝1岁后还继续吸吮手指，就有可能是习惯性行为，需要纠正。

宝宝原先双腿呈"M"形，因此有些妈妈担心宝宝长大后会变成"O"形腿，不过出生1个月后，宝宝的双腿会逐渐开始伸直。每次换尿布的时候有意识地拉动宝宝的双腿，经常给宝宝做按摩，有助于宝宝双腿的挺直。

在这一时期，宝宝排尿的次数减少，大便变得有规律，后半夜可持续睡6小时以上。

对声音和光线更加敏感

宝宝的听力已经比较敏锐了，能对声音做出反应。如果突然听到声音，宝宝会伸直双腿；如果播放舒缓的音乐，宝宝会变得安静，还会把头转向放音乐的方向。在宝宝哭闹时，妈妈跟宝宝说话，宝宝就会安静下来，所以平时要多跟宝宝说话，让宝宝保持愉快的心情。

1~2个月大的宝宝视觉已经相当敏锐，由本来的视物模糊已经逐渐过渡到能看到东西的轮廓，而且双眼能随着运动的东西移动。妈妈会发现，宝宝总是喜欢把头转向有亮光的窗户或灯光，喜欢看色彩鲜艳的窗帘。2个月以内的宝宝，最佳的注视距离是15~25厘米，太远或太近的东西虽然能看到，但不能看清楚。

宝宝对看到的东西的记忆力进一步增强，比如当宝宝看到爸爸妈妈的脸时，会露出欣喜的表情。

温馨提示

和宝宝一起屋内旅行

爸爸抱着宝宝屋内旅行可开阔宝宝的眼界和认知。爸爸抱着宝宝在屋子里慢慢走动，宝宝的眼睛看向哪里，爸爸就解释这个是什么，是干什么用的。如果是可操作的相对安全的电器，在宝宝感兴趣的情况下，爸爸还可带着宝宝实际操作一下，帮助宝宝积累生活经验、学习丰富的知识。

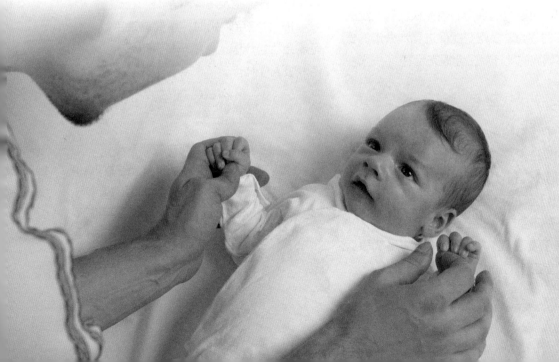

喂养要点

满月宝宝仍要坚持母乳喂养

宝宝满月后就进入了快速生长阶段,对各种营养的需求也随之增加。不少宝宝胃口变大了,食欲很好。对满月的宝宝仍提倡母乳喂养。

一般来说,母乳是能满足健康宝宝营养需求的。由于妈妈心理、生理等因素,有可能会出现母乳不足,这时不应轻易断掉母乳,改喂配方奶,只要妈妈保持心情愉快,有坚定的母乳喂养的决心,多吃些能促进乳汁分泌的食物,很多妈妈的乳汁就又会很充足了。

母乳喂养的禁忌提示

1. 不要经常躺着给宝宝喂奶,否则容易堵住宝宝的鼻腔。

2. 哺乳妈妈不要常穿化纤内衣。

3. 妈妈运动后不要立即喂奶。

4. 妈妈不要在情绪不佳时喂奶。

5. 不要穿着工作服喂奶,特别是从事医疗、实验室工作的妈妈。

6. 妈妈不要用香皂清洗乳房,否则容易导致乳房炎症,最好用温水清洗。

7. 妈妈不要带着浓妆喂奶,多数化妆品含铅量较高,容易使宝宝情绪低落,食欲下降。

8. 妈妈在哺乳期间不要节食减肥,否则会影响泌乳量。

9. 喂奶期间不要常吃素食,也不宜大量摄入味精、麦乳精及喝啤酒等。

10. 给宝宝喂奶时,不要逗宝宝笑,否则可能会让奶汁误入气管,轻者呛奶,重者容易诱发吸入性肺炎。

温馨提示

宝宝夜间喂奶注意要点

○ 可以延长喂奶的间隔。如果宝宝在夜间熟睡不醒,尽量少惊动他,将时间间隔延长一下。2个月的宝宝一夜喂两三次奶就可以了。

○ 保持坐姿喂奶。夜间喂奶也应像白天那样坐起来抱着宝宝喂奶,避免发生意外。

宝宝拒绝吃奶怎么办

宝宝拒绝吃奶常常是由身体不适引起的。常见的表现及应对措施如下：

1. 宝宝用嘴呼吸，吃奶时乍吸乍止。这可能是因宝宝鼻塞而引起的，应为宝宝清除鼻内异物，并认真观察宝宝情况。如有异常，请尽快送往医院治疗。

2. 宝宝吃奶时突然啼哭，害怕吃奶。这可能是宝宝口腔受到感染，吸奶时因触碰而引起了疼痛。爸爸妈妈如果发现这种情况，最好带宝宝到医院看看。

3. 宝宝精神不振，出现不同程度的厌吮现象。这可能是因为宝宝患有某种疾病，特别是消化道疾病和面颊硬肿等，应尽快到医院治疗。

尽量避免混合喂养

4个月以内的宝宝最好采取纯母乳喂养。如果妈妈轻易地为宝宝添加奶粉，由于橡胶奶嘴孔大，吸吮省力，且有些奶粉比母乳甜，很可能会使宝宝喜欢上奶粉，而不再喜欢吃母乳。母乳是越刺激越多的，如果每次都有吸不干净的奶，就会使乳汁的分泌量逐渐减少，最终造成母乳不足，人为地造成混合喂养。所以，当妈妈认为宝宝吃不饱而要添加奶粉时，要先向儿科医生咨询，请医生判断宝宝是否真的吃不饱，而不要轻易放弃纯母乳喂养。

如何巧妙增奶

1. 调整心理状态。妈妈要相信自己有能力喂哺宝宝，有了这种信心才能坚持母乳喂养。

2. 多和宝宝接触。妈妈应多与宝宝接触，宝宝的皮肤、动作、表情和气味等都能促进泌乳素的分泌。

3. 补充营养，用食物来催乳。新妈妈要保证水的摄入，多喝汤和温开水。民间有许多催乳的食疗方，如鲜鲫鱼汤、猪蹄炖花生、酒酿蛋花汤等。

4. 让宝宝多吸吮。将宝宝放在身边，有需要就给宝宝喂奶，夜间的喂奶间隔可以稍微长一点，还要适当延长每侧乳房的喂奶时间。

5. 用恰当的药物催乳。有些中成药和西药有促进泌乳的作用，但必须在医生的指导下服用。

人工喂养的标准

宝宝在满月后就可以喂全奶，而不再需要稀释了，每次的喂奶量也开始增加，可以从50毫升增加为80～120毫升。具体到每个宝宝到底应该吃多少，不能完全照本宣科，如果完全按照书本上的推荐量喂养，有的宝宝会吃不饱，而有的宝宝会因吃得过多而引起积滞。所以，最好根据宝宝的需要来决定喂奶量，妈妈完全可以凭借对宝宝的细心观察，摸索出适合自己宝宝的喂奶量。

护理要点

注意宝宝的头形

　　一周岁前，卧姿会影响宝宝头部的形状。如果宝宝习惯仰卧，容易造成后脑勺过于扁平。如果长时间侧向一个方向睡，就容易头形不对称。因此，睡觉时应该注意让宝宝左右轮番侧躺，以使宝宝的头部保持匀称的圆形，也可以在妈妈的照料下，让宝宝采用俯卧的姿势。此外，一般的婴儿枕头偏高，最好在宝宝出生百日以后再使用。

到户外享受日光浴

　　在户外气温超过10℃、天气晴朗宜人的时候，可抱着宝宝到户外去享受日光浴。阳光的照射可以帮助宝宝在体内合成维生素D，促进钙的吸收，还能促进血液循环，保证皮肤健康。进行户外活动还能让宝宝呼吸到新鲜的空气，并有助于适应新的环境。一般情况下，第一次到户外活动的时间可以控制在5分钟左右，此后每次递增。在阳光明媚时，也可以把宝宝放在洒满阳光的床上，并打开窗户，让宝

宝多晒太阳。每天在固定的时间内、有规律地让宝宝进行日光浴，对身体是很有好处的。

　　享受日光浴时要避免阳光直晒，还要注意安全，远离宠物。最好不要把宝宝带到马路旁，因为过往的汽车排放出的尾气中含有较多的铅，宝宝坐在婴儿车里，距离地面不到1米，正是尾气最浓的高度，这对宝宝的危害是很大的。

关注宝宝的大小便

　　相较于新生儿，这个时期的宝宝排尿的次数减少了。虽然排尿次数减少，但由于每一次排的尿量有所增加，所以总量并没有减少，甚至还会有所增加。

　　纯母乳喂养的宝宝，大便次数仍然和新生儿时期差不多，一般6次以下就不算异常。如果每日排便7~8次，粪便呈绿色、墨绿色，或排血样便，粪便中黏液多，味道特别腥臭，排便时孩子哭闹不已，就应考虑是否患了肠炎，最好能取些大便去化验。如果显示有炎

症，就要遵医嘱服用抗生素，服药周期一般以不超过 7 天为宜。如果没有炎症，可在医生指导下适量服用一些助消化类药。人工喂养的宝宝则要考虑是否存在乳糖不耐受或其他问题。

宝宝安睡小良方

睡眠对宝宝的健康成长和智力发育是极其重要的。良好的睡眠，可以促进宝宝的身体发育，提高宝宝的智力和体力。因此，爸爸妈妈需要细心关注宝宝的睡眠，培养宝宝良好的睡眠习惯，让宝宝睡得安稳香甜。

1. 室温以 18~25℃为宜，并保持室内空气新鲜。

2. 睡觉时不要穿得太厚，衣服以宽松柔软为佳。

3. 不要让宝宝在白天睡得过多，睡前不要让宝宝过于兴奋。

4. 宝宝的被子要随季节更换。

纠正宝宝夜啼

1. 让宝宝养成良好的作息习惯，白天不要让宝宝睡得过多，孩子醒时要多逗引孩子，延长醒着的时间，晚上则要避免宝宝因过度兴奋而无法入睡或产生夜惊。

2. 宝宝的卧室要安静，并且温度适宜。

3. 白天的活动和睡觉安排要合理。宝宝白天在户外活动的时间应控制在 0.5~2 小时。

要让宝宝习惯早醒，并将下午睡觉的时间相应提前，傍晚 6 点以后尽量不要让宝宝睡觉，等到晚上再睡。

呵护宝宝的小屁屁

💡 及时更换纸尿裤或尿布

天热时，宝宝摄取的水分会有所增加，排尿的次数也会增加，很容易尿湿纸尿裤或尿布，所以即使选用了超薄型纸尿裤，妈妈们仍然不能掉以轻心，要经常关注宝宝的表现，及时更换纸尿裤或尿布。另外，尽量每次更换时都清洁屁屁，特别是大便后要及时用温水清洗，并抹上护肤油或松花粉，以滋润皮肤，减少摩擦。

💡 穿纸尿裤时少用爽身粉

再薄的纸尿裤也会使里面屁屁的温度升高，因此捂上纸尿裤的小屁屁会经常出汗，如果皮肤上有爽身粉，会因涸湿变成粉泥，加重皮肤负担。

让宝宝更聪明的认知训练

运动能力训练

💡 能力特点

　　2个月的宝宝，俯卧时下巴离开床的角度可达到45°，但不能持久，此时家长一定要在旁边看护，避免宝宝窒息。宝宝醒着的时候，手脚会频繁地动，尽管还不灵活，但从出生到2个月的宝宝，动作发育处于活跃阶段，可以做出很多不同的动作，面部表情也逐渐丰富。家长以坐姿抱宝宝时，宝宝头部可保持直立。

💡 训练要点

　　这一阶段可以重点进行手部训练和头部训练。妈妈平时可以借助给宝宝洗手或给宝宝喂奶的机会，多按摩和活动宝宝的手指。

　　头部训练是做好全方位运动训练的先导。用玩具逗引宝宝转头，或者用色彩鲜艳和带声响的玩具吸引宝宝抬头，都可以培养宝宝的头部运动能力。

语言能力训练

💡 能力特点

　　这个时期的宝宝，偶尔会发出"a""o""e"等音，有时还会咯咯地笑，在与妈妈对视的时候，会露出灵活、机警的表情，有时能集中精神来发音回应爸爸妈妈，这是他在和爸爸妈妈说话，是他最初的语言。

💡 训练要点

　　对这个时期的宝宝，爸爸妈妈就得多和他讲话，激发宝宝的语言能力，可以反复说一些句子，比如在每次给宝宝换尿布的时候，宝宝会非常放松地把腿抬起、放下，妈妈就可以说"宝贝，来跳跳、蹦蹦""妈妈给你换一块干净的尿布"，反复这样做数次之后，每当宝宝露出屁股时，只要说"跳跳、蹦蹦"，宝宝就会伸腿、蹬脚。

听觉能力训练

💡 能力特点

听力方面，满月的宝宝会有很大提高，对成人说话的声音能做出反应；到了2个月时，宝宝很喜欢听成人对他讲话，并能表现出愉悦的情绪，还能安静地听柔和轻快的音乐，没人理他的时候，他会感到很寂寞，会自言自语，甚至会哭闹起来。

💡 训练要点

爸爸妈妈要多给宝宝听一些轻柔的音乐和歌曲，对宝宝说话、给宝宝唱歌的声音都要悦耳。

情绪及社交能力训练

💡 能力特点

在这个时期，宝宝开始学会表达悲痛、激动、喜悦等情绪，而且可以通过吸吮使自己安静下来。

当妈妈逗弄宝宝时，宝宝能通过露出微笑、发出声音或手脚乱动来回应。平躺时，如果没有任何"社交"，宝宝有时能在短时间内看着妈妈的脸。

💡 训练要点

1. 要多与宝宝玩耍、交流，逐渐让宝宝学会辨别生人与熟人，并对爸爸妈妈做出不同的反应。

2. 让宝宝多看、多听、多摸、多玩，比如尽量让宝宝多接触各种不同质地的东西，帮助宝宝认识多彩的世界。

3. 在宝宝情绪好的时候，对他做张口、吐舌、鼓腮等多种面部表情，使宝宝逐渐学会模仿面部动作或微笑。

4. 注意不要长时间远离宝宝，避免宝宝焦虑烦躁，也不要突然改变宝宝熟悉的生活环境。

视觉能力训练

💡 能力特点

宝宝能看清活动的物体是在1.5~2个月时，并且偏爱明亮鲜艳的色彩，尤其是红色，不喜欢看暗淡的颜色。

💡 训练要点

准备彩色的玩具，在宝宝面前移动，吸引宝宝的注意，给予宝宝不同的颜色刺激，并且引导宝宝向不同方向追视。

亲子游戏

情绪游戏1

碰碰头   🔍

游戏目的 激发宝宝与人交流的热情。

准备用具 无。

参与人数 2人。

游戏玩法

❶ 在宝宝情绪状态较佳时，妈妈两腿稍弯坐在床上，双手扶着宝宝双侧腋下，将宝宝放在自己的膝盖上。

❷ 妈妈注视着宝宝，口里念"bang-bang-bang"，念到最后一个"bang"时音调高一点，头微微向前倾，轻轻碰触一下宝宝的小额头。

情绪游戏2

模仿发音   🔍

游戏目的 激发宝宝与人交流的热情。

准备用具 无。

参与人数 2人。

游戏玩法

❶ 面部模仿：抱起宝宝时，在他面前做张口、吐舌等表情，使其逐渐学会模仿面部动作或微笑。

❷ 逗引发音：经常用亲切温柔的声音与宝宝谈笑，注意自己的口形和面部表情，宝宝有时会发出"a""o""e"等单个韵母，或应答发音，有时还会发出"kuku"声。

身体游戏

踢彩球 🔍

游戏目的　活动宝宝的双腿，锻炼宝宝的下肢肌肉，然后扩大到四肢和全身运动。

准备用具　将几个彩色塑料球或气球用细线吊在宝宝小脚上方5~10厘米处，保证宝宝看得见，也能伸腿碰得到。

参与人数　2人。

游戏玩法

❶ 让宝宝仰卧，妈妈用手碰触彩球，让它们动起来，并配合声音吸引宝宝的注意力，宝宝会兴奋地努力蹬腿，屈伸膝盖，双腿上举或随球而动。

❷ 如果宝宝只是看着，没有伸腿去踢，妈妈可以拉着宝宝的小脚碰触彩球，碰到时可以用惊喜的声音鼓励宝宝，慢慢地宝宝就会自己试着伸腿去踢。

知觉能力游戏

眼睛追随小风车 🔍

游戏目的　给予宝宝不同的颜色刺激，让宝宝向不同方向追视，提高宝宝的空间知觉能力。

准备用具　彩色的小风车（可以买现成的，也可以用彩色的硬纸板自己做）。

参与人数　2人。

游戏玩法

❶ 让宝宝躺在床上，爸爸或妈妈拿着风车在宝宝眼前转动，当宝宝注意到风车时，缓缓将风车移向宝宝的左侧或右侧，但角度不要太偏，以免宝宝看不到。

❷ 宝宝的眼睛开始跟着风车走后，将风车缓缓移向另一侧，引导宝宝追视。

温馨提示

如果宝宝刚开始不追视，爸爸妈妈不能心急，可附加声音或动作引起宝宝的注意。

2 个月宝宝生长发育记录

项目	您的宝宝	男（均值）	女（均值）
体重（千克）		5.6	5.1
身长（厘米）		58.4	57.1
头围（厘米）		39.1	38.3
胸围（厘米）		40.0	38.9
坐高（厘米）		39.9	39.1

宝宝的特点

- 宝宝抬头时，下巴能离开床面 5~7 厘米，但抬头时间只有 1~2 秒，之后就会垂下来。

- 用带柄的玩具碰宝宝的手时，宝宝能握住玩具柄 2~3 秒。

- 宝宝会跟随声音咿呀出声，听见熟悉人的声音或轻柔的声音会停止哭闹，能发出和谐的喉音。

- 拿着玩具在宝宝的眼前晃动，宝宝很快就能注意到玩具。

- 宝宝不舒服时会哭，一逗会笑，有面部表情，听到某种声音会有反应。

- 宝宝手部的活动越来越多，经常把手放到嘴里吸吮。

第3章

2~3个月
的宝宝

身心特点

脱离了新生宝宝的特点，进入婴儿期

2~3个月的宝宝随着体重的增长，皮下脂肪也开始增多，逐渐变成了胖嘟嘟的可爱模样，已经完全脱离了新生儿的特点，进入婴儿期。宝宝的眼睛变得有神，能够有目的地看东西了。皮肤变得细腻，有光泽，弹性更好了，脸部皮肤变得干净，奶痂消退，湿疹减轻，也有的宝宝症状反而加重，但也不必过于担心。

能够独立挺起脖子

宝宝在这个时期最重要的发育特点是能够挺起自己的脖子。发育快的宝宝，在出生后3个月左右就能挺起脖子。把宝宝竖着抱起时，头部不朝两侧歪斜或后仰的话，说明宝宝已经能够完全支撑起脖子了，头部可以左右自由活动，视野得以扩展。不过出于安全考虑，抱宝宝的时候，最好还是用手托着宝宝的脖子。

视物能力有了一次质的飞跃

宝宝开始按照物体的不同距离来调节视焦距，爸爸妈妈可以利用这一时期好好锻炼宝宝的视觉能力，比如在宝宝醒着的时候，通过变化物体的距离锻炼宝宝调节视焦距的能力。有的宝宝会出现斜视的现象，但只要不严重，就不用过于担心，过一段时间后，宝宝辨别东西的能力加强，眼部的肌肉发育成熟，斜视就会自动消失。但是，如果斜视现象很严重，甚至左右眼睛的视线完全相反，就应该到医院接受治疗。

能够区分不同的语音

在这个时期，宝宝对声音的频率很敏感，已经能够区分语言和非语言，还能区分不同的语音。爸爸妈妈应该了解宝宝听力发展的规律和具备的能力，不要在宝宝面前吵架，因为这种吵架的语气宝宝能够辨别出来，会产生厌烦的情绪，对宝宝的情感发育是不利的。多给宝宝听优美的音乐，和宝宝谈话时要用不同的语气、语速，以提高宝宝的听力水平。

能够发出简单的语音

两个月的宝宝开始有了比较自觉的行动，如果爸爸妈妈用严厉怒斥的语气和宝宝说话，宝宝会哭；用和蔼亲切的语气和宝宝说话时，宝宝会笑，露出欢乐的神情，四肢会愉快地舞动，有时还会发出尖叫声和"啊""哦""噢"等声音。妈妈要给宝宝创造舒适的环境，让宝宝保持良好的情绪，给宝宝创造机会不断练习发音，并通过对听、看、闻、摸等与语音互相关联的能力进行全方位训练来提高宝宝的发音能力。

学会了回避不好的气味

早在胎宝宝 7~8 个月时，嗅觉器官就已经相当成熟了，新生宝宝能够通过嗅觉寻找妈妈的乳头。2~3 个月的宝宝嗅到特殊刺激性气味时，会有轻微的回避反应，如转头等。

天生喜欢甜味食物

味觉是新生宝宝最发达的感觉。小婴儿比成年人的味觉更敏感，对甜味表现出天生的积极态度，而对咸、苦、辣、酸的态度是消极的、不喜欢的。如果妈妈用奶瓶给宝宝喂糖水，再用奶瓶给宝宝喂白开水，宝宝就不喝了。如果拿奶瓶给宝宝喂药，再拿奶瓶给宝宝喂水或喂奶，宝宝就会拒绝用奶瓶，因为他记住了奶瓶里的东西是苦的。当妈妈把奶瓶里的糖水滴到宝宝嘴里时，宝宝尝到了甜味，才会重新吸吮奶嘴。

形成昼夜节律

由于消化器官的发育，宝宝喝奶和睡觉的间隔会变得比较有规律，而且能独立调节生理节奏。另外，宝宝晚上睡觉的时间延长，白天睡觉的时间缩短，因此可以减少晚上哺乳的次数。

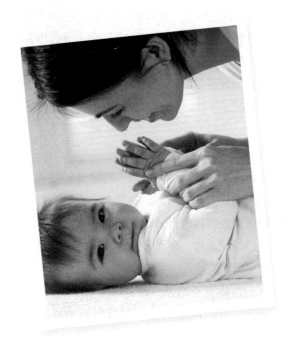

喂养要点

乳汁充足，则不必添加配方奶粉

2~3个月的宝宝提倡继续母乳喂养。如果母乳量充足，就不必添加配方奶粉，但如果母乳确实不能满足宝宝需要，可以添加配方奶粉进行混合喂养，这样有利于母乳继续分泌。

如果妈妈没有母乳了或是无法进行母乳喂养，可以进行人工喂养。从母乳喂养改换到配方奶粉喂养后，要密切观察宝宝食欲和大小便等情况。

勤给奶具消毒

宝宝的抵抗能力较弱，容易受到细菌的感染而引起疾病。所以，在每一次人工喂养前都要认真对器具进行消毒。消毒的方法有开水烫煮、药品消毒、熏蒸等方式，其中比较常见和容易操作的是开水烫煮。

具体消毒方法：喂奶后，将奶瓶和奶嘴清洗干净，再放入盛有适量水的消毒锅中煮5~6分钟。用蒸煮器消毒的话，奶瓶需消毒10分钟，奶嘴需消毒3分钟。消完毒后，用专用器具夹将奶嘴等器具放到专用的奶瓶干燥架子上，再次使用时取走即可。

夜晚喂哺的次数要减少

在这个时期，每天哺乳的量逐渐增加，哺乳时间也逐渐有了一定的规律。虽然不能中断晚间的哺乳，但可以慢慢减少哺乳的次数。在宝宝临睡前将他充分喂饱后，可以将晚间哺乳的间隔调整为6小时左右。宝宝6小时左右不吃东西也没问题，因此不用担心宝宝会饿着。

温馨提示

适当给人工喂养的宝宝补水

可以在两次哺乳之间给宝宝补水。若宝宝一周的增重小于100克或尿量逐渐减少，可能是宝宝的水分补充不够。

给宝宝喂配方奶的姿势

宝宝最好斜坐在妈妈的怀中，妈妈扶好奶瓶，慢慢喂哺，从开始到结束，都要使奶液充满奶嘴和瓶颈，以免宝宝吸进空气。在喂奶后，可以将宝宝抱起来，轻拍背部，让宝宝打嗝，以避免溢奶。

人工喂养如何掌握奶液温度

将调好的奶液装入瓶中，把奶液滴几滴在自己的手腕内侧，如感到不烫，这个温度就刚好适合宝宝的口腔温度。有的父母靠吸几口奶液来感觉奶液的温度，这样做很不卫生，因为大人口腔中的细菌很容易留在奶嘴上，而宝宝的抵抗力比较弱，容易引起疾病。而且，大人口腔的感觉与宝宝的感觉相差很大，有的时候，大人觉得奶汁不烫，可对宝宝来说，却可能是烫的。

加热奶瓶中奶的方法

可将奶瓶放到一盆热水（不是沸水）中加温，或直接放在热水龙头下冲，还可以使用专门的加热器。如果宝宝习惯于喝常温或稍微凉一些的奶，那就不用特意为宝宝加热。注意，一定不要用微波炉加热配方奶，因为用微波炉热奶会使奶受热不均匀，容易烫到宝宝，而且会破坏配方奶中的一些营养成分。

选购配方奶粉注意事项

1. 注意年（月）龄段。许多配方奶粉都分年龄段，如6个月以内、6个月~1岁、1~3岁、3~6岁等，年龄段不同，奶粉的营养成分也不同，要根据宝宝的年（月）龄来选择合适的奶粉。

2. 注意生产日期和保质期。在选购时要查看产品包装上的标志、标注，查看厂名、厂址、生产日期、保质期和营养配方等内容。劣质奶粉的包装一般印刷质量较差，字迹模糊，生产日期和保质期的标注也不是很规范。

3. 注意检查奶粉包装上注明的制造商是否是正规厂家。在选购时，尽量选择有一定知名度、质量有保证的品牌。

4. 注意在挑选时轻轻挤压奶粉包装，以检查是否漏气。如果包装漏气、漏粉或袋内根本没气，说明该袋奶粉有潜在的质量问题。若为罐装奶粉，可摇晃罐体，如感觉奶粉中有结块，则表明该奶粉已变质。

给宝宝选的奶粉不要轻易更换

市场上有很多适合宝宝的奶粉，基本原料都是牛奶，只是添加的维生素、矿物质等的量不同，有所偏重。

一般来说，如果选定了一种品牌的奶粉，没有特殊的情况，就不要轻易更换奶粉的种类。如果频繁更换，容易导致宝宝消化功能紊乱和喂哺困难。

护理要点

出现睡眠问题要冷处理

　　每天晚上最好让宝宝自然入睡，以免给以后的睡眠带来问题。即使出现了一些睡眠问题，比如有一天宝宝睡得少了，有一天晚上宝宝不好好睡了，有一天睡醒后哭闹了，等等，这些都是正常的，爸爸妈妈不要过多干预，更不要焦虑、上火，否则会使宝宝产生不良反应，还可能会对父母产生依赖。对于宝宝偶尔出现的睡眠问题，爸爸妈妈可以进行冷处理，让宝宝有自我调节的空间。

宝宝喜欢被抱着睡，是宝宝的错吗

　　有的宝宝需要被抱着才能睡好，只要一被放到床上，但就睡得不安稳，差不多半个小时就会醒，但如果被抱着睡，能睡几个小时。这是很多新手父母会遇到的问题，从某种程度上说，这是父母的问题。良好的睡眠习惯是需要父母帮助宝宝建立起来的。

　　宝宝都喜欢妈妈温暖的怀抱，如果宝宝哭得很厉害，需要父母的关心，或者遇到了问题，需要父母的帮助，父母能够积极回应，就会让宝宝得到安慰，增加对人的信任，但也不能一味迁就宝宝，还要允许宝宝有自己的空间，不要动不动就去干扰宝宝。如果宝宝只是伸个懒腰、打个哈欠、皱个眉头，妈妈立即去抱或者拍，就会干扰宝宝，不妨反应慢半拍，让宝宝自己去适应。如果父母整日抱着宝宝睡觉，宝宝自然不会拒绝，慢慢地就会养成习惯。另外，大人在抱宝宝时只能用两只手臂作为支撑点，所以抱着宝宝睡觉对宝宝骨骼的生长发育也不好。

清理鼻牛儿

妈妈可以使用生理性海水，再配上吸鼻器来给宝宝清理鼻牛儿。生理性海水和吸鼻器在母婴用品商店就可以买到。

💡 生理性海水的作用

1. 能有效湿润宝宝的鼻黏膜，使黏附的脏物容易脱落。

2. 能清洁宝宝的鼻腔，有效预防鼻腔感染。

3. 其微扩散作用机理特别适合宝宝幼嫩的鼻腔。

💡 生理性海水的特点

使用安全，没有毒副作用。

💡 如何使用生理性海水和吸鼻器

一周岁以前的宝宝，平躺以后面部会朝向一侧，如面部朝向左侧，我们就往宝宝的右鼻腔里喷生理性海水，静待几秒，生理性海水就会带出鼻腔内的脏物，然后再换另一侧进行喷雾。

如果宝宝鼻塞严重，鼻牛儿不能流出，可以配合使用吸鼻器，将鼻牛儿软化后吸出。

宝宝患湿疹怎么办

💡 病因与症状

发生于 2 岁以下宝宝的湿疹俗称"奶癣"。湿疹大多发生在头部、面部、颈部、背部和四肢，患处会出现米粒样大小的红色丘疹或斑疹。有些为干燥型，即在小丘疹上有少量灰白色糠皮样脱屑；有些为脂溢型，即小斑丘疹会渗出淡黄色脂性液体，以后结成痂皮，以头顶、眉间、鼻旁及耳后为多见，但痒感不太明显。

💡 家庭巧护理

1. 给患儿穿纯棉衣物，不要使用碱性洗护用品。

2. 湿疹怕热怕湿，所以在保证卫生的前提下，不要让宝宝过多接触水，室温不要过高，穿衣盖被不宜太厚。

3. 可在医生指导下给患儿口服 0.2% 苯海拉明糖浆，用量按 1~2 毫克 /（千克·天）计算，每天服用 3~4 次。

4. 患儿在患病期间抵抗力较弱，应避免去人多的公共场合。

💡 如何预防

1. 保持房间的清洁，房间角落、柜子底下等处应该注意经常打扫。

2. 使用婴儿专用的沐浴液。

3. 为宝宝选用宽松透气的纯棉内衣。

4. 被褥要保持干爽，经常晾晒。

5. 避免带宝宝去尘土飞扬的场所，以免宝宝接触扬尘、花粉等过敏原。

让宝宝更聪明的认知训练

大动作能力训练

能力特点

宝宝有了真正的抓握动作，并出现手眼协调和眼头协调的前奏，在俯卧时抬头较稳定，能持久注视物体。

训练要点

本阶段需要锻炼宝宝的上下肢肌肉，增强宝宝的体质与运动能力，可以把带响声的彩色玩具套在宝宝的手脚部位，吸引宝宝运动手脚，还可以用带长柄的玩具碰触宝宝的手掌，让他抓握并举起来。另外，要注意头部运动能力的训练，抬头训练的时间可从30秒开始逐渐延长，每天练习3~4次，每次俯卧时间不宜超过2分钟。

精细动作能力训练

能力特点

这时宝宝的手掌呈张开状，可以握住放在手中的长棒数秒。

训练要点

从触摸、抓握开始训练宝宝双手的活动能力。这个训练最好在宝宝情绪愉快时进行，妈妈可以经常将带柄的玩具或者自己的食指放在宝宝的手掌里，让宝宝抓握和触摸，以训练宝宝小手的抓握、触摸能力。

语言能力训练

能力特点

这时的宝宝除了哭之外，还能自由地发出几个音节，如"la""ma"等。见到亲人或被逗笑时，会发出短暂而纯真的笑声。此外，宝宝看见令自己高兴的物体时，会出现呼吸加深、全身用劲的动作和表情。

训练要点

在这一阶段，爸爸妈妈应通过各种方式逗引宝宝发笑，并进行四肢活动，应经常抱着宝宝说话、唱歌，以刺激宝宝语言能力的发育。

知觉能力训练

能力特点

宝宝的认知能力已经有了良好的发育，往往喜欢重复那些能带来愉快感受的动作，比如吸吮食指，并且开始有分析能力，比如知道吸吮乳头与吸吮食指的方式不同。宝宝到3个月大时，能区分来自水平方向的不同声音，并会主动寻找声源，能把声音与嘴的动作联系起来，对亲人和陌生人的声音会产生不同的反应。这个时候的宝宝已经认识奶瓶了，一看到大人拿着奶瓶，就知道是要给自己吃奶或喝水，会非常安静地等待。在视觉方面，宝宝对红色最为敏感，其次是黄色，能够注视手中的玩具和视线内的大件物体。

训练要点

在宝宝睡醒后，爸爸妈妈要经常用手触摸他的脸、双手及全身的皮肤，或用宝宝的手触摸面前的物体，引起本能的抓握反射。在哺乳时，可以让宝宝触摸妈妈的脸、鼻子、耳朵及乳房，促进宝宝的早期认知活动。

情绪与社交能力训练

能力特点

宝宝看到妈妈时，会在无人逗引的情况下开心地笑起来。宝宝3个月大的时候，已经会对走近他的人笑脸相迎了；逗他或轻触其前胸、肚皮，宝宝会咯咯地笑出声来。

训练要点

爸爸妈妈要满足宝宝逐渐形成的各种生理需求和认知要求，善于辨别宝宝的哭声，并做出应答，培养宝宝对语音的感知，在宝宝清醒的时候，让他看看周围环境，并告诉他他所注意到的东西的名称及行为。

亲子游戏

知觉能力游戏

不倒翁 🔍

游戏目的 培养宝宝的视觉敏捷性，提高宝宝的视知觉能力。

准备用具 色彩鲜明的大个头不倒翁，最好是两三种颜色相间的。

参与人数 2人。

游戏玩法

❶ 在桌子上放不倒翁，妈妈抱着宝宝坐在桌前，用手触动使它左右摇摆，同时告诉宝宝："看，不倒翁向宝宝问好呢！"

❷ 妈妈一边吸引宝宝的注意力，一边注意观察宝宝的眼睛，看宝宝的目光是否随不倒翁移动。

情绪与社交能力游戏

腿上舞蹈 🔍

游戏目的 增进亲子之间的感情，让宝宝心情愉悦。

准备用具 无。

参与人数 2人。

游戏玩法

❶ 妈妈仰卧，屈膝，把宝宝的头放在自己的膝盖处，身子放在自己的腿上，脚可以自然放下。

❷ 一边给宝宝唱歌，一边带着宝宝轻轻晃动。

语言游戏

跟布娃娃打招呼 　　　🔍

游戏目的 激发宝宝用语言与人交流的热情，为宝宝说话奠定基础。

准备用具 能发音的智能玩具，如小布娃娃等。

参与人数 2人。

游戏玩法

① 让宝宝仰卧在妈妈的怀里，妈妈用一只手拿着小布娃娃在宝宝眼前轻轻晃动，然后跟宝宝说："宝宝好，姐姐跟宝宝打招呼呢，宝宝好！"

② 重复几次后将布娃娃靠近宝宝的脸庞，摁一下布娃娃，让布娃娃自己跟宝宝打招呼："你好！""宝宝好！"同时，妈妈拉着宝宝的两只小手触摸布娃娃，和布娃娃亲近。

温馨提示

在日常生活中父母要经常跟宝宝进行"对牛弹琴"式的打招呼，向宝宝说一些简单的字眼。宝宝开心的时候会"回应"妈妈，发出"ao—ao""a—a"等声音，妈妈要热情地鼓励宝宝，给宝宝一个吻或摸摸宝宝的小脸蛋。

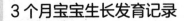

3 个月宝宝生长发育记录

项目	您的宝宝	男（均值）	女（均值）
体重（千克）		6.4	5.8
身长（厘米）		61.4	59.8
头围（厘米）		40.5	39.5
胸围（厘米）		41.3	40.3
坐高（厘米）		41.9	40.5

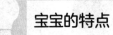

宝宝的特点

- 宝宝开始注视自己的手，并能将自己的双手放在一起玩手指。

- 宝宝能自发地发出笑声，也会对大人的逗引做出反应。

- 宝宝能来回张望寻找亲人，当看到亲人走近时会手舞足蹈。

- 看到妈妈的乳房或奶瓶时，宝宝会很高兴，并露出期待的表情。

- 宝宝能用表情表示喜悦、不快、厌恶、无聊等。

第4章

3~4个月
的宝宝

身心特点

体重达到出生时的两倍

这时宝宝的体重可达到出生时的两倍，胸围和头围大致一样，身长也比出生时长了10厘米以上。以后，体重和身长的增长速度开始减慢，但每个宝宝都不一样，没必要跟别的宝宝做比较。只要宝宝有活力，就说明很健康，不用过于担心。

会把身体侧过来

宝宝出生3个月后，家长竖抱宝宝时，宝宝的腰已经能够挺起来了。把两手放在宝宝的腋下，让宝宝站立在自己的腿上，宝宝会一蹬一蹬地跳跃。宝宝能控制颈部的力量，在俯卧的状态下，可以用手脚支撑起身体，而且能抬起头部；在仰卧的状态下，能够翻身变成侧卧，甚至变成俯卧的姿势。如果宝宝还不能翻身的话，家长可以轻轻托住宝宝的肩膀和臀部转过身去，引导其做出翻身的姿势。

喜欢吸吮手指和一切抓到的东西

宝宝吸吮手指的动作更加频繁，这是自然行为，只要能保持手部的清洁，就不用刻意制止。除了自己的手指，宝宝对任何其他能抓到的小东西也都有兴趣，不管抓住什么都往嘴里送。因此，宝宝容易流好多口水，需要给宝宝准备围兜。一般情况下，爸爸妈妈要准备2~3个柔软、吸水性强的毛巾围兜，还要准备几个柔软的手帕，随时给宝宝擦拭口水。

有了分辨颜色的能力

宝宝的视觉发育明显，这个时期宝宝对颜色的反应跟成人差不多，但对某些颜色却情有独钟，会比较偏爱红色，其次是黄色、绿色、橙色和蓝色。而且，宝宝的视力已经相当不错了，已经具备了较强的远近焦距的调节能力，可以看到远处比较鲜艳或移动的物体。变化快的影像会使宝宝感兴趣，如电视广告的画面等。

有了形成记忆的能力

宝宝出生3个月后，随着头部运动自控能力的加强，视觉注意力得到更大的发展，能够有目的地看某些物体。宝宝最喜欢看妈妈，也喜欢看玩具和食物，尤其喜欢奶瓶。宝宝对看到的东西的记忆比较清晰了，开始认识爸爸妈妈和周围亲人的脸，能够识别爸爸妈妈表情的好坏。如果眼前的玩具不见了宝宝就会寻找，如果有人突然抢走玩具就会哭闹。

能够发出笑声

宝宝对周围越发关注，喜欢与人接触，妈妈走近他，或者与他说话的时候，宝宝会很高兴，发出笑声或咿咿呀呀的声音；看到自己喜欢的玩具或感觉到有人在逗他、抱他，就会表现出很高兴的样子。

宝宝情绪越好，发音越积极

宝宝的语言按照感知、分辨、发音的规律发展着。3~4个月的宝宝已经能够分辨出是爸爸在说话还是妈妈在说话了。出生后至3个月以前，是宝宝的简单发音阶段，3个月以后，宝宝慢慢会发出"a""o""e"的元音了。宝宝情绪越好，发音越积极。爸爸妈妈要在宝宝情绪高涨时多和宝宝交谈，给宝宝传递更多的语音，让宝宝有更多的机会练习发音；让宝宝多到户外，听小鸟叫，听流水响，听风吹动树叶，并不断告诉宝宝这是哪里发出的声音；给宝宝做元音发音的口形，让宝宝模仿妈妈说话。

有了对物体整体的知觉

3~4个月的宝宝已经出现了形状知觉，4个月时，对物体已经有了整体的知觉。当爸爸妈妈把宝宝放到床沿时，宝宝会屏住呼吸，露出惊恐的神情，说明他已经能够感知物体的高度了。丰富的环境刺激对宝宝认知能力的提高具有极其重要的作用。

喂养要点

仍能从母乳中获取所需营养

4个月的宝宝仍能从母乳中获得需要的营养，每天所需的热量为每千克体重95千卡（1千卡≈4.185千焦）左右。

母乳喂养充足的宝宝，不用急于添加其他辅食，仅喂些鲜果汁、米汤、菜汤就可以了。

在这个阶段，宝宝对奶的消化吸收能力强，对蛋白质、矿物质、脂肪、维生素等营养素的需求可以从乳类中获得满足。

母乳不足可以添加配方奶粉

怎样判断母乳不足

如果宝宝每日体重增长低于15克，一周体重增长低于120克，就表明母乳不足了。如果宝宝开始出现闹夜，吃奶时间间隔比原来延长，体重低于正常同龄儿，就应该及时添加配方奶粉了。

添加配方奶粉困难怎么办

因母乳不足而给宝宝添加配方奶粉，很多时候宝宝会排斥，开始时可以先用小勺喂，小勺喂也不行的话，就给宝宝添加辅食，如米汤、菜汁等，但这时添加米粉可能会引起消化不良。如果母乳不是很少，就要坚持哺乳到4个月以后，宝宝可能会突然就爱吃奶粉了。

宝宝流涎怎样调理

1. 宝宝口水流得较多时，妈妈要护理好宝宝口腔周围的皮肤，要用非常柔软的手帕或餐巾纸一点点地蘸去流到嘴边的口水，让口周保持干燥，每天用清水给宝宝清洗两遍脸部和颈部，保持干爽，避免患上湿疹。

2. 不要用粗糙的手帕在宝宝嘴边擦来擦去，如果皮肤已经出疹子或糜烂，最好去医院诊治。

3. 平时不要捏宝宝的脸颊，否则容易引

起宝宝流涎；不要让宝宝吸吮手指、橡胶奶嘴等，以减少对口腔的刺激，避免唾液量增加。

4.15个月以后才断奶的宝宝，若是在断奶后才添加辅食，容易脾胃虚弱，流涎的发病率也较高。

上班族妈妈怎样喂奶

很多妈妈在宝宝4个月或6个月大以后，就开始正常上班了。妈妈在上班前1~2周就要开始做准备了，可以根据上班后的作息时间，调整、安排宝宝的哺乳时间，让宝宝有个适应的过程。

💡 母乳储存的要点

1. 挤母乳时，要用干净的容器，如消毒过的塑胶桶、奶瓶、塑胶奶袋等来盛放。

2. 储存母乳时，每次都得另用一个容器。

3. 给装母乳的容器留点空隙，不要装得太满或把盖子盖得太紧，以防因冷冻结冰而胀破。需要注意的是，如果母乳需长期存放，最好不要使用塑胶袋。

4. 最好按照每次给宝宝喂奶的量，将母乳分成若干小份来存放，并在每一小份母乳上贴上标签，记上日期，这样既方便家人或保姆给宝宝合理喂食，又不会造成浪费。

💡 给宝宝喂储存母乳的要点

1. 解冻方法

加热解冻：放在奶瓶中隔水加热，水温不要超过60℃。

温水解冻：用流动的温水解冻。

冷藏室解冻：可以放在冷藏室中逐渐解冻，解冻后应在24小时内喂完，不可再放回冷冻室冰冻了。

2. 饮用要点

用温水解冻的奶水，只在喂食的过程中可以放在室温下，如果没有吃完，可以放回冷藏室，在4小时内吃完，但不能再放回冷冻室了。

哺乳妈妈慎用药

💡 哺乳妈妈不要自己随意用药

哺乳妈妈不能自作主张，自我诊断，自己给自己开药吃。在需要用药时，应该向医生咨询，并说明自己的喂奶情况。

💡 哺乳妈妈不要随意中断哺乳

除了少数药物在哺乳期禁用外，很多药物在乳汁中的排泄量都不超过妈妈用量的2%，这个剂量不会损害宝宝的身体。所以，要向医生咨询好服药安全范围，而不要随意中断喂奶。

💡 哺乳妈妈服药后及时调整喂奶时间

为了最大限度减少宝宝吸收的药量，妈妈最好在哺乳后马上服药，并尽可能推迟下次哺乳的时间，最好间隔4小时以上，以便药物能更多地被代谢分解，使母乳中药物的浓度降低。

护理要点

每天给宝宝做被动体操

宝宝喜欢活动身体，因此根据发育的程度，可以做简单的体操，这有利于宝宝全身肌肉的发育，也有利于今后的爬行和行走。做体操应该避免在宝宝情绪低落、刚刚喂完奶或空腹的时候进行，可以在宝宝沐浴后、刚睡醒、换完尿布或情绪好的时候，做腿部弯曲、抬手臂、俯卧抬胸等简单的动作。做体操的时候，最好在地板上铺一条软硬适中的毯子，尽量给宝宝穿得薄一点儿，甚至光着身子也可以。

洗澡时要注意安全

在宝宝可以控制颈部力量之前，应该继续用宝宝专用浴盆。每天给宝宝沐浴1~2次，沐浴时要注意宝宝的安全。这个时期的宝宝，爸爸妈妈已经不能随意"摆弄"了，他们开始淘气了，有了自己的兴趣和要求。例如，妈妈要给宝宝洗脸，宝宝却用小手泼水，这时妈妈要跟宝宝说："咱们先洗脸，洗完脸再玩。"虽然他可能听不懂，但每次都要这样对他说。

洗澡时，宝宝也不再像以前那样好抱了，会很容易从爸爸妈妈手中溜出，掉进水里或磕到盆沿上，尤其是在打上婴儿肥皂或乳液后，身上就更光滑了，因此也更需要注意安全了。

可以剪短或剃光宝宝的头发

宝宝出生百日前后，原有的胎发开始脱落，一般在6个月之前会大量脱落，这是生理性脱发，是正常现象。需要注意的是，宝宝经常翻身和吸吮手指，容易把脱落的头发吸进嘴里，因此要随时把掉落在枕头或被褥上的头发清除干净。爸爸妈妈也可以在给宝宝照完百日照之后，把宝宝的头发剪短或剃光，小心不要伤到头皮。

按摩宝宝的小手吧

宝宝的小手逐渐变得圆润、有力了，妈妈把它握在手心里，总也看不够。可是妈妈可能还不知道，宝宝幼嫩的小手上还掌握着健康的秘密呢。

劳宫

劳宫穴位于手掌中心，也就是握拳时中指尖按压的位置。按摩此穴可以清热泻火，缓解宝宝的发热症状。

大鱼际

拇指下方鼓起的肌肉区即为大鱼际，这个部位是胃肠反射区，肠胃的问题能通过这个部位的颜色变化反映出来，按揉它能促进消化。

合谷

合谷穴位于手背，在第一和第二掌骨之间，即拇指与食指的交接处。按摩此穴可以清热解表，缓解宝宝头痛、感冒、鼻塞等症状。

预防针都要打吗

免疫规划疫苗必须要打

我国免疫规划并免费的疫苗包括卡介苗、脊髓灰质炎疫苗、百白破疫苗、白破疫苗、麻腮风疫苗、乙脑疫苗、乙肝疫苗、A 群流脑疫苗、A+C 群流脑疫苗、甲肝疫苗。根据疾病的流行情况，还有 3 种在部分地区接种，包括流行性出血热疫苗、炭疽疫苗和钩端螺旋体疫苗。需要注意的是，个别省市会有些差别，应酌情对待。

自费疫苗需仔细斟酌

自费疫苗主要是预防水痘、肺炎、流感、狂犬病等疾病的疫苗。这些疫苗是卫生防疫机构根据疾病发生和流行的特点及规律向公众提供的，由家长选择是否给宝宝接种，费用一般由家长自行承担。

斟酌是否接种时需要考虑的因素

1. 当地是否正流行某种传染病。

2. 以前是否接种过，除了流感疫苗保护期只有一年，大多数疫苗都有比较长的保护期，不必重复接种。

3. 是否属于重点保护人群。例如，流感疫苗和肺炎疫苗的重点保护人群是 65 岁以上的老人、7 岁以下的儿童和体弱多病的人群。

4. 有无接种禁忌证。每种疫苗的使用说明上都列有禁忌证，即在什么情况下不能接种。

温馨提示

疫苗接种并非越多越好

接种疫苗虽是预防传染病的一种有效措施，但也不是每个人都适合，尤其是体质较弱的宝宝，因为疫苗在生产过程中要使用某些人体细胞或动物蛋白，而在提纯过程中，难以完全去除这些蛋白，接种疫苗后，人体在产生对某种疾病的抗体的同时，也会产生对异体蛋白的抗体，有产生过敏反应的可能。

让宝宝更聪明的认知训练

大动作能力训练

能力特点

这时的宝宝，俯卧时能把头抬起并和肩胛呈90°；竖着抱时头能稳住，扶着腋下可以站片刻；仰卧时，自己能将身体翻向一侧，在帮助下可以仰卧翻身。

训练要点

妈妈可以通过拍手或用玩具逗引使宝宝转向侧面，并用手轻轻扶住宝宝的背，帮助宝宝翻身。当宝宝仰卧时，妈妈可以握住宝宝的手，将他缓缓拉起保持坐姿，锻炼宝宝的头颈部和背部肌肉，注意用力要轻缓，也可以让宝宝背靠着枕头、小被子、垫子等软的东西半坐起来。此外，还需训练宝宝的肢体动作，如用前臂支撑身体、抬腿等。

精细动作能力训练

能力特点

双手动作较灵敏，也有较多变化了，会做一些细小的动作，比如能抓住自己的衣服或小被子不放，能摇动并注视手中的玩具，等等。手眼协调动作开始出现，但想抓物体时常抓不准。

训练要点

妈妈将玩具拿到宝宝胸部上方，让宝宝看到玩具，虽然宝宝不一定会抓，但他的双臂可能会活动起来。妈妈抱着宝宝靠在桌前，在距离宝宝一米的地方用玩具逗引他，努力引起宝宝注意，再慢慢地将玩具靠近宝宝，逐渐缩短距离，最后让宝宝一伸手即可触到玩具。如果宝宝不主动伸手，可以引导他去抓握、触摸和摆弄玩具。

语言能力训练

🔦 能力特点

4 个月大的宝宝，经常自言自语，可以发出一些单音节，而且不停地重复；会用口唇发出辅音，有时还会说出"啊不""啊咕"等两个音节的词。

🔦 训练要点

爸爸妈妈要多跟宝宝说话，让宝宝能够看清楚自己的口形，并鼓励宝宝发音，即使宝宝只是发出"嗯""啊"的声音，也要及时应答。一般情况下，宝宝知道大人喜欢听他发音，就会使劲儿大声喊，并有意识地把声音拉长或者重复。这时，爸爸妈妈可以用鼓掌来激励宝宝自己大声做发音练习。

知觉能力训练

🔦 能力特点

4 个月的宝宝能够辨别不同的音色，区分男女声的不同，对语言表达出的说话人的情绪较为敏感，会做出不同的反应；视线转移很灵活，已经能够将视线从一个物体转移到另外一个物体上；头和眼协调配合，能够追视物体从一侧到另一侧；开始慢慢会区分颜色，对颜色的敏感度依次为红、黄、绿、橙、蓝。

🔦 训练要点

爸爸妈妈要想尽办法吸引宝宝去寻找前后左右不同方位的东西，以及不同距离的声源，来促进宝宝方位知觉的发育。

可以让宝宝在周围环境中直接接触各种声音，促进宝宝的听力发育。

可以在室内悬挂一些装饰和玩具，颜色要丰富多彩一些，让宝宝能有意识地去够，去抓握，促进宝宝视觉能力的发展。

情绪与社交能力训练

🔦 能力特点

在这段时期，宝宝的情绪发育有了很大进步。当妈妈出现在宝宝面前时，宝宝会开心得笑起来；有人走近时，宝宝会笑脸相迎；跟宝宝逗笑或轻触其前胸、肚皮，宝宝会咯咯地笑出声来。宝宝还喜欢照镜子，并且会对着镜中的自己微笑，与他说话；喜欢热闹，当家里来了很多人时，情绪会明显比平时亢奋。

🔦 训练要点

当父母和别人聊天时，不妨也让宝宝参与进来，这样不仅能缓解宝宝怕生的情绪，还能提高宝宝的社交能力。

亲子游戏

语言游戏

认识香蕉等食物 | 🔍

游戏目的 满足宝宝的好奇心,多向宝宝介绍他感兴趣的东西,让他认识更多的事物,为今后的语言发展打下词汇基础。

准备用具 香蕉泥、完整的香蕉。

参与人数 2人。

游戏玩法

❶ 准备一些香蕉泥,放到小匙子里让宝宝吸舔,并向宝宝说:"这是香蕉泥,好甜啊,宝宝喜欢吗?"

❷ 让宝宝看看完整的香蕉,用小手触摸一下香蕉皮,并对宝宝说:"这是大香蕉,黄黄的,长长的,宝宝认识了吗?"

精细动作能力游戏

准确抓握玩具 | 🔍

游戏目的 训练宝宝手部的抓握能力。

准备用具 容易抓握的小玩具,如积木块、毛绒小玩具、彩铃铛、拨浪鼓等。

参与人数 2人。

游戏玩法

❶ 把小玩具都放在桌子上,把宝宝抱到桌前,慢慢接近玩具,让宝宝伸手去抓,如果宝宝不主动伸手朝玩具接近,可摇动玩具或用语言引导宝宝用手去抓握、触摸、摆弄玩具。

❷ 还可以让妈妈抱着宝宝,爸爸拿着玩具在前面晃动捏响,吸引宝宝伸手去抓。

情绪与社交能力游戏

表情识别　　　　　| Q

游戏目的 让宝宝认识各种表情，了解各种表情所表达的意思，培养宝宝的社交敏感性，对宝宝未来的社交能力有很大帮助。

准备用具 不同表情的图片或画册。

参与人数 2人。

游戏玩法

❶ 妈妈抱着宝宝，拿给宝宝一张画有笑脸的娃娃头像，告诉宝宝"宝宝在笑呢，好开心啊"，同时妈妈也做出笑脸给宝宝看，然后再拿出一张闷闷不乐的头像，告诉宝宝"宝宝不高兴了"，妈妈的声音和表情也要表现出闷闷不乐，让宝宝看画像，再看妈妈的脸，过几天可以换其他表情。

❷ 爸爸妈妈在日常生活中也可以自己做各种表情逗宝宝玩，还可以在宝宝做出各种表情时及时模仿宝宝，并告诉宝宝"宝宝在笑呢，宝宝真高兴""宝宝不高兴了"等。

嘴角上扬的小熊

不苟言笑的狮子

手舞足蹈的老鼠

温馨提示

刚开始选表情图片时最好选择对比强烈的、有明显区别的表情，比如高兴和生气，让宝宝能明显地看出两种表情的不同。

4 个月宝宝生长发育记录

项目	您的宝宝	男（均值）	女（均值）
体重（千克）		7.0	6.4
身长（厘米）		63.9	62.1
头围（厘米）		41.6	40.6
胸围（厘米）		42.3	41.1
坐高（厘米）		42.4	40.9
出牙情况（颗）		0~1	

宝宝的特点

- 爸爸妈妈扶着髋部时能坐一会儿，俯卧时能用两手支撑抬起胸部，手也能握持玩具了。

- 喂奶时，宝宝会将双手放在母亲乳房或奶瓶上轻轻地拍打，或者捧着乳房或奶瓶吃奶。

- 给宝宝盖衣服或小毯子时，他的双臂会上下活动，用抓住的衣服或小毯子把自己的脸遮住。

- 当宝宝见到熟人时，能自发地微笑，出现主动的社交行为。

第 5 章

4~5个月
的宝宝

身心特点

眼手协调动作逐渐精确和完善

宝宝的眼手协调动作逐渐完善和精确。发现眼前的玩具后，宝宝会伸出手臂去抓，在抓住玩具以后，会轻轻摇动，还会把玩具放到嘴边，用嘴唇和舌头去吸吮或接触，同时用眼睛加以确认。宝宝还会盯着自己的手和脚，然后用嘴去吸吮。

能够倚靠着坐一小会儿

这个时期的宝宝能够倚靠在沙发或枕头上坐一小会儿，不过还不能坐较长的时间，很快就会朝一侧歪斜，所以宝宝身边一定要有人照看。

适当地刺激宝宝的好奇心

宝宝对周边的情况表现出关注的样子，开始产生好奇心。看着自己的手脚，然后放进嘴里吸吮的行为，就是宝宝产生好奇心的证明，可以通过晃动玩具来逗引宝宝，将玩具放在宝宝趴着伸出手能够抓到的地方来激发好奇心。虽然宝宝还不会说话，但是可以把家里的东西一一指给宝宝看，并加上有趣的说明。

睡觉的方法和姿势习惯形成

宝宝睡觉的方法各有不同，有的宝宝边吸吮着乳汁边睡觉，有的宝宝必须躺在摇床里才能睡觉。到了这个时期，宝宝会尝试各种睡觉的方法和姿势，妈妈需要有意识地引导宝宝选择最舒服的姿势并养成习惯。不仅如此，晚上睡觉的时间也有了一定的规律。在宝宝睡觉之前，要通过给宝宝洗脸洗脚、关灯等方式，使宝宝产生睡觉的意识。虽然养成习惯不是一两天就能做到的，但经过不断的努力，一定能够做到。

喂养要点

按需喂养宝宝

宝宝的奶量变化不大

不少家长认为，宝宝大了，就应该吃更多的奶，其实这是错误的。宝宝5个月大时，吃奶量较之前变化不大。人工喂养的宝宝，奶量也不是随着月份的增加而不断增加的。宝宝的奶量不增加，并不意味着宝宝食欲不好了。

宝宝的食量因人而异

宝宝吃得多与少是有个体差异的。宝宝吃得少，如果体重增长还正常，就不必要求宝宝每天吃够1000毫升奶。如果宝宝每次吃200毫升，每天吃5次，或每次吃250毫升，每天吃4次，就不要再往上加量了，可以适当地添加辅食，来补充奶量不足的部分，减少脂肪的摄入，避免宝宝肥胖。

要尊重宝宝的食量

要允许吃得少的宝宝保持自己的食量，妈妈不应该过于在意宝宝吃多吃少，而要注意监测宝宝的身高、体重、头围和各种能力的发育情况。实际上，真正由疾病引起食量偏小的情况并不多见。爸爸妈妈能客观评价宝宝的食量是合理喂养的关键。

混合喂养添加辅食

混合喂养的宝宝，到了这个月开始出现不想喝配方奶的现象，这就意味着需要给宝宝添加乳类以外的辅助食品了。妈妈们要开始给宝宝准备辅食。

给宝宝添个鸡蛋黄吧

蛋黄的营养丰富，能为宝宝补充所需的铁，而且较易消化吸收。因此，妈妈可以给宝宝喂一些蛋黄。喂食的方法：生鸡蛋洗净蛋壳，煮熟后取出，晾凉后剥去蛋壳。用干净的小勺划破蛋白，取出蛋黄，用小勺切成4份或更多份。刚开始每日喂1/4个煮熟的蛋黄，压碎后调成糊，用勺喂食。

宝宝吃后，如果没有腹泻或其他不适感，以后可逐渐增加到1/2个，再到1个。7个月时便可以吃蒸鸡蛋羹了，可先用蛋黄蒸蛋羹，以后再逐渐增加蛋清的量。

喂辅食的最佳时间

💡 宝宝状态好时

吃母乳或奶粉以外的食物，对宝宝来说是一种锻炼。当宝宝患了感冒等小疾病，或在接种疫苗前后，或在状态不好时，都应该避免喂辅食。

在宝宝消化状态良好、吃奶时间也比较有规律时开始喂辅食，成功的概率会比较高。最开始喂辅食时，以上午10点为最佳时间，因为这是在宝宝第二次吃奶之前，距离上一次吃完奶已经有一段时间，心情比较稳定且感到有一点饿的时间。

💡 在哺乳之前

宝宝在吃完奶后，很可能会拒绝吃辅食，所以辅食应该在哺乳前添加，喂完辅食后再哺乳喂饱宝宝。虽然已经开始添加辅食，但不能忽视哺乳，特别是在4~6个月，辅食的摄入量非常少，大部分脂肪还是来自于奶，因此喂完辅食后，应用母乳或配方奶充分喂饱宝宝。

过敏了怎么办

为了预防过敏，给宝宝添加辅食时，应先添加单一的食品，一旦发生过敏，就能准确找到导致过敏的食物。

一旦发现宝宝对某种食物过敏，就不要再接着喂这类食物了。停止喂食后，过敏症状很快会自动消失，可以隔一段时间之后再少量尝试。

此外，敏感性宝宝的过敏表现不会那么容易消失，在此期间，妈妈能做的就是继续喂宝宝母乳，添加以米糊或菜水为主的辅食，并避免宝宝接触致敏食物，等宝宝长大以后，部分过敏特性慢慢会缓解。

温馨提示

宝宝还不能吃鸡蛋清

4个多月大的宝宝会对异种蛋白产生过敏反应，容易诱发湿疹或荨麻疹等疾病。所以，不到7个月的宝宝不能食用鸡蛋清。1岁之内最好少吃蛋清。

护理要点

进行肌肉放松运动

到目前为止，宝宝的身体还处于蜷缩的状态，需要进行肌肉放松运动，比如握住宝宝的手腕划半圆，将手臂举过头顶、双脚左右交替屈伸做舒展四肢的运动，等等。不过，需要注意的是，这样的运动应该合理进行，不能过度。

宝宝止嗝有妙招

1. 喂完奶后，不宜立即将宝宝放下平躺，可抱起宝宝，轻轻地拍背。

2. 用食指尖在宝宝的嘴边或耳边轻轻挠痒，因为嘴边和耳边的神经比较敏感，挠痒可以放松神经，打嗝也就随之消失了。

3. 在宝宝打嗝时，可以喂一点儿温开水，也可以用玩具或轻柔的音乐来吸引、转移他的注意力，以降低打嗝的频率。

4. 用手指轻弹宝宝足底，让宝宝哭出声来，终止膈肌收缩，打嗝便会自然消失。

小围嘴，大用处

宝宝的口水流个不停，常常弄湿衣领和胸前，这时候就要靠小围嘴来帮忙了。宝宝围上围嘴，既能避免口水弄湿衣服，又能使宝宝更卫生、更漂亮。

选款式

市面上的围嘴产品，有背心式的，也有罩衫式的。有些围嘴在颈部后面系带，能调节大小，适合跨月龄长期使用。妈妈可以给宝宝买一个方便穿脱又大小合适的围嘴，不要太重，四周也不需要过多装饰，大方实用就行。

挑面料

纯棉围嘴吸水性更强，且柔软透气，如果底层有不透水的塑料贴面就更好了，宝宝喝水、吃饭、流口水时都不会弄湿衣服。妈妈要注意的是，不要给宝宝用纯橡胶、塑料或油布做成的围嘴，否则不仅不舒服，还容易引起过敏。

使用要点

1. 围嘴不要系得过紧，尤其是领后系带式的围嘴。在宝宝独自玩耍时，最好将围嘴摘下来，以免拉扯过紧造成窒息。

2. 不要拿围嘴当手帕使用。擦口水、眼泪、饭菜残渣，还是用纸巾或者手帕比较好。

3. 围嘴应经常换洗，保持清洁和干燥，这样宝宝会更舒适。

宝宝汗多很正常

多汗这样护理

1. 勤换宝宝的衣服和被褥，并随时用干燥柔软的毛巾给宝宝擦汗。

2. 宝宝身上如有汗，应避免直吹空调或电风扇，以免受凉。

3. 多给宝宝喝水，补充失去的体液。汗液中除盐分外，还会有锌，经常出汗也会造成宝宝体内缺锌。所以，饮食上应多加注意，保证宝宝代谢后能及时补充能量和营养素。

慧眼识别病理性多汗

患有佝偻病、结核病或病后虚弱的宝宝也会出现多汗现象，要注意区分。一般来说，发色枯黄伴随经常性多汗的宝宝，应做佝偻病检查；脸色发白、长期干咳伴随多汗的宝宝，需要做肺结核检查。

如何保护宝宝的眼睛

宝宝越来越能听懂妈妈的话了，听到妈妈呼唤自己时，一双乌黑的眼睛就赶紧看妈妈。宝宝的眼睛清澈明亮，妈妈可要注意好好保护啊。

生活中，应注意避免强烈的日光、闪光灯及浴霸的光线直射宝宝的眼睛。到室外晒太阳时，要戴遮阳帽或背对太阳，避免让宝宝在过强的光线下睡觉。

注意预防湿疹和皮肤炎

宝宝开始流口水时，应该注意预防湿疹和皮肤炎。严重的温差是导致湿疹的主要原因之一。宝宝一旦患上湿疹，首先要清洗身体。如果宝宝因为身体痛痒而哭闹，或者患处流脓，就应该到医院接受治疗。

坚持量体重，制作发育曲线图

体重是衡量宝宝健康发育的指标之一。由于遗传、饮食、环境或运动量等因素的差异，每个宝宝的成长速度都不一样，成长快的宝宝和成长慢的宝宝体重相差约2千克，身高相差5~6厘米。经常量宝宝的体重和身高，制作宝宝的成长曲线图，有助于清楚地掌握宝宝的生长发育状况，及时发现问题。在成长过程中，宝宝的体重应该保持一定的增长速度，如果体重突然大量增长或减轻，就应该到儿科接受检查。另外，如果宝宝的体重长时间没有变化，也应该到医院接受治疗。

让宝宝更聪明的认知训练

大动作能力训练

能力特点

宝宝仰卧时，头部和胸部已经能够抬起，甚至能在抬起伸直的双腿时看着自己的脚，还能从仰卧位翻滚到俯卧位，并把双手从胸下抽出来。

训练要点

宝宝已经基本学会翻身了，可有时候还是翻不过去。这时候，妈妈可以对宝宝进行滚动训练；可以把宝宝放在有扶手的沙发或有靠背的椅子上，或在宝宝身后放些枕头、棉被等练习靠坐，以后再逐渐减少宝宝靠、垫的东西；还可以训练宝宝做踩踏动作，或通过举高高、骑马等游戏训练宝宝的平衡感。

精细动作能力训练

能力特点

宝宝手部动作已经有了重大的发展，开始有主动抓握的动作，并形成手眼的协调和五指动作的分化。

训练要点

要继续进行手部抓握动作的训练，在宝宝周围放一些玩具或在小床上方悬挂一些玩具，如拨浪鼓、响铃、圆环等，让宝宝抓握。在训练抓握能力的基础上，还要培养宝宝抓握的准确度。

语言能力训练

能力特点

宝宝的语言表达明显变得活跃起来，发音明显增多，除了声母和韵母发音大量增多以外，还有一个特点就是发重复的连读音节，如"ma—ma—ma""ba—ba—ba"等。在大人的逗引下，宝宝会发出笑声和尖叫声。

训练要点

宝宝虽然还不会说话，但并不代表他没有学习能力，他正在努力为自己今后说话做准备。因此，爸爸妈妈平时带宝宝玩时，一定要多和宝宝说话，教他发音，鼓励他发音，而不要对宝宝的发音视而不见。此外，爸爸妈妈也可以通过和宝宝说儿歌、做游戏等方式来提高宝宝的语言能力。

知觉能力训练

能力特点

宝宝正处在感觉能力发展得最快的时期。宝宝从新生儿时期就能闻到妈妈的奶香，通过嗅觉寻找乳头，因此宝宝的感觉能力是非常强的。

训练要点

平时应多让宝宝学抓或摸各种各样的东西，体验它们质地上的区别，感受它们并记住它们的特点，以培养手的抓握能力和感触能力。

爸爸妈妈除了随时随地见到什么就对宝宝说什么，还要有计划地教宝宝认识周围的日常事物。宝宝更容易记住的是在眼前变化的东西，尤其是能发光、音调高或会动的东西（灯、收音机、机动玩具、猫等）。坚持教宝宝认识某件东西直到他学会为止，时间长了，爸爸妈妈就会发现宝宝对什么东西最感兴趣。

情绪与社交能力训练

能力特点

宝宝已经能够区别熟人和陌生人。当看到陌生人时，宝宝的表情会比较严肃，不像对家里人那样轻松。

训练要点

培养宝宝的社会交往能力，需要爸爸妈妈多带着宝宝去别人家里做客，或邀请对方到家里来，最好对方家庭有与宝宝年龄相仿的小朋友，这样他们之间的沟通障碍要少得多。

遇到宝宝认生时，妈妈不要强迫宝宝去接触陌生人，可以将宝宝抱到自己的怀里或放回婴儿车里，让宝宝看着妈妈与人说话，逐渐消除宝宝的恐惧。让宝宝逐渐习惯与他人沟通，有助于提升交际能力。

亲子游戏

情绪游戏

手心脚心 🔍

游戏目的 提高宝宝的触觉反应能力，促进宝宝触觉的发育。

准备用具 柔软的羽毛。

参与人数 2人。

游戏玩法

将宝宝放在床上平躺着，脱掉宝宝的鞋袜，妈妈将手洗干净，用左手拉着宝宝的小手，用右手的食指和中指在宝宝的手心里轻轻划动；也可用羽毛给宝宝制造一种瘙痒感，宝宝会摇着小手躲开，或者攥紧小手；还可以用一小块黄瓜片或其他比较凉爽的东西代替食指，以丰富宝宝的触觉。

身体游戏

蹬踹游戏 🔍

游戏目的 可加强宝宝腿部力量，为以后爬行做准备，还可帮助宝宝建立因果关系概念。

准备用具 踢踏琴、悬挂带响的玩具。

参与人数 2人。

游戏玩法

❶ 将踢踏琴放在宝宝脚下，最开始训练宝宝时需要妈妈拿起宝宝的小脚蹬踹琴键，用音乐刺激宝宝主动蹬踏。

❷ 当宝宝有蹬踏意识后可加大难度，引导宝宝蹬踹悬挂玩具，通过晃动玩具加大难度，提高宝宝腿部肌肉控制能力。

5 个月宝宝生长发育记录

项目	您的宝宝	男（均值）	女（均值）
体重（千克）		7.5	6.9
身长（厘米）		65.9	64.0
头围（厘米）		42.6	41.5
胸围（厘米）		42.9	41.9
坐高（厘米）		43.9	42.8
出牙情况（颗）		0~1	

宝宝的特点

宝宝被人从腋窝抱住时会直立，而且身体会上下蹿跳，两脚还会做轮流踏步的动作。

宝宝常用拇指与食指抓物，手掌能稍稍翻转。

当宝宝看到熟悉的食物时，能发出"咿咿呀呀"的声音，还会跟自己或玩具"说话"。

宝宝看到小物体或小玩具时，会将它拿起来放到嘴里。

将宝宝的衣服盖在他的脸上，他会自己用手将衣服拿开。

宝宝会模仿别人的表情，模仿时会皱起眉头对着人微笑。

第6章

5~6个月的宝宝

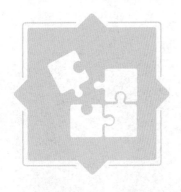

身心特点

开始进行爬行练习了

由于运动能力提高，脖子能够自由活动，宝宝原先比较生疏的翻身动作现在已经相当熟练。从此时起，妈妈的视线几乎再也不能离开宝宝。稍不留意，就会发生宝宝从床上或沙发上跌落的事情。当宝宝能够自行翻过身子趴着活动时，就可以开始尝试爬行训练了。当宝宝趴着时，妈妈可将手抵住宝宝的脚底并进行点式轻推，刺激宝宝自己主动蹬腿。此时妈妈只须用手抵住宝宝脚底，不须再给推动力量，让宝宝通过自己用力，推动身体向前。久而久之，宝宝自然就明白了蹬与爬之间的关系，慢慢就学会了爬行。

可以用手抓东西

虽然宝宝还不能充分地活动拇指，但可以用其余四根手指紧紧地抓住玩具。宝宝只要看到东西就想伸手去抓，不仅能用手指，还能用整个手掌抓住东西。虽然手指的活动还不是很灵活，但是已经会抓起铃铛并摇出声音来，还能用手拉扯衣服，能将一块积木用右手传给左手，右手再拿第二块，而且能抓住葡萄干等小物品，抓住东西后一般不愿松开。但是，这时的宝宝还不会用手指尖捏东西，只能用手掌和全部手指生硬地抓东西。

宝宝可以自己翻身

在这个时期，宝宝能自由地活动颈部，而且能翻身，这也是肌肉和骨骼发育的表现。由于个体差异，有些宝宝还不能翻身，但是妈妈们不用过于担心。成长较快的宝宝可以在出生后 4 个月学会翻身，而那些成长较慢的宝宝也会在出生后 7 个月学会翻身。

在这个时期，妈妈应该积极地帮助宝宝翻身。当然，一旦宝宝学会了翻身，那么从床上滚落下来的危险也增大了，因此必须在床周围加上围栏。

开始认生了

在这个时期，宝宝已经能够认人了。宝宝还不知道该如何对待陌生人，只要遇到陌生人，就会哭闹不停。妈妈离开一会儿，宝宝就会到处寻找，甚至做出不安的表情，或者正在独自活动时，见到妈妈反而会哭闹起来。在这个时期，假如妈妈不能积极地与宝宝相处或交谈，就容易影响宝宝的情绪发育。怕生是自然的成长过程，不用过于担心，这种现象也说明宝宝和妈妈之间产生了信赖。当宝宝长到 15 个月大后，这种现象会逐渐消失。

能够准确表达感情

为了引起别人的注意，宝宝会牙牙学语。此时，如果对宝宝的牙牙学语做出反应，进行充分的交谈，不仅有利于宝宝的语言发育，对宝宝的情绪发育也有好处。另外，宝宝不但能做出喜欢和不喜欢的表情，情绪上也更加丰富，能够很自然地表达自己的感情，高兴的时候还会发出笑声。只要一见到妈妈的脸，宝宝就会露出欢喜的笑容。

喜欢或厌恶的情绪表现得很明显

随着宝宝的表情和情绪变得丰富，感情的表达也变得很自由，已经能够明确地表达喜欢或厌恶的感情。在宝宝肚子饿时，如果看到奶瓶，就会高兴地表示欢迎，甚至手舞足蹈地表达自己的喜悦心情。如果宝宝看到恐怖的东西，或被人抢走手中的玩具，宝宝就会哭闹，这说明宝宝的记忆力在逐渐提高。在这个时期，宝宝喜欢"喔""啊"地表达自己的感情，因此妈妈也应该不停地重复、模仿宝宝的语言。

喂养要点

及时添加辅食，营养更充足

在宝宝第 6 个月时应该减少哺乳，增加辅食，以母乳或配方奶 + 辅食作为宝宝的正餐。妈妈可以每天有规律地哺乳 4~5 次，同时逐渐增加辅食量，减少哺乳量。辅食应在哺乳前喂，每天喂 2~3 次。在这个月里，妈妈要将谷类、蔬菜、水果及肉蛋类逐渐引入宝宝的膳食中，让宝宝尝试不同口味、不同质地的新食物。妈妈不要着急给宝宝断奶，因为如果只给宝宝喂辅食，容易导致宝宝营养不均衡。

注意补铁

5~6 个月的宝宝，铁的储备减少，母乳和配方奶已经不能满足宝宝对铁的需要了。因此，要逐渐给宝宝补充富含铁的辅食。

蛋黄含铁量较高，又适合此阶段宝宝食用。如果上个月已经给宝宝添加了 1/4 个蛋黄，这个月可以增加到 1/2 个了。消化功能很好的宝宝，如果铁不足的话，可以吃一整个鸡蛋黄。吃蛋黄时可以适当搭配一些果汁，因为维 C 可以起到促进铁吸收的功效。

注意更换辅食种类

如果总是吃一种辅食，宝宝会厌烦，会有把喂到嘴中的辅食用舌头顶出来，或用小手打翻饭勺，或把头扭到一边等表现。妈妈要尊重宝宝的感受，不要强迫他，下一次可以更换另一种辅食，如果宝宝喜欢吃了，就说明他暂时不喜欢吃前面那种辅食，一定要先停一个星期，再尝试喂，这样能帮助宝宝顺利过渡到正常的饮食。

🥄 宝宝的辅食不要只有米和面

开始添加辅食后，如果对米、面类的辅食不加限制，宝宝会很快变胖。若宝宝每天的体重增长超过 20 克，或 10 天的体重增长超过 200 克，就要考虑是否在辅食品种的选择上有问题。

如果宝宝喜欢吃辅食，最好注意添加肉、蛋、果汁，不要只吃米和面。

添加辅食不要影响母乳喂养

母乳仍然是5~6个月宝宝的最佳食品，不能急于把母乳断掉。5个月内的宝宝不爱吃辅食的话，到了这个月，有可能仍然不爱吃辅食，但大多数母乳喂养儿到了这个月，就开始爱吃辅食了。需要注意的一点是，不管宝宝是否爱吃辅食，都不能因为辅食的添加而影响母乳的喂养。

人工喂养的宝宝添加辅食比较容易

人工喂养的宝宝很少出现不爱吃奶粉的情况，大多很喜欢吃奶粉，因此添加辅食也比较容易。添加辅食后，配方奶的摄入量每天不应超过1000毫升。如果每次喂200毫升，则每日喂5次；每次喂250毫升，则每日喂4次。如果每次喂180毫升，每日喂5次，宝宝也能吃饱，那就保持180毫升的量，不要刻意多让宝宝吃辅食，否则容易引起宝宝肥胖。

鼓励宝宝用牙床咀嚼

宝宝出生后5~6个月，颌骨和牙龈已经有所发育，能够咀嚼半固体或软软的固体食物。宝宝的乳牙长出来后，咀嚼能力会进一步

增强，此时应当适当增加食物的硬度，让其锻炼咀嚼，这对牙齿和颌骨的正常发育都有利。因此，专家认为，宝宝用牙床咀嚼食物，不但不会妨碍长牙，还能提高宝宝的咀嚼能力，促进牙齿发育。

适合不同月龄宝宝的食物和进食方式变化

月龄	食物种类	宝宝进食方式
出生~3个月	以奶、水、煮的水果等流质食物为主	主动吸吮
4~6个月	添加少量精制半流质食物，如米糊、蛋黄泥、果泥、蔬菜泥等	开始用勺子被动进食
7~9个月	流质、半流质及少量固体食物，如肉泥、碎菜等	用杯子喝，用勺子喂，可咀嚼食物
10~11个月	切碎的固体食物，如碎猪肉、鱼肉、碎虾肉、碎菜末、碎水果粒、烤面包片、婴儿饼干等	可运动上唇进食，舌头可将食物送至牙床咀嚼吞咽
12~18个月	较粗的接近成人食物的固体食物，如软饭、面条等	咀嚼吞咽动作协调，可自己进食
19~24个月	水饺、馄饨、米饭及其他膳食纤维含量不太高的固体食物	稳定、协调地咀嚼吞咽，逐步独立进餐

护理要点

宝宝长牙喽

有 30% 的宝宝会在这个月长出乳牙。长牙标志着宝宝又一个生长期的到来，是宝宝咀嚼食物的开端。

长牙时的表现

1. 流口水。
2. 牙床出血。
3. 啃咬东西，以减轻牙床不适。
4. 拉耳朵、摩擦脸颊。

应对措施

1. 拿东西让宝宝咬一咬，比如消过毒的、凹凸不平的橡皮牙环或橡皮玩具，以及切成条状的生胡萝卜和苹果等。

2. 妈妈将自己的手指洗干净，帮助宝宝按摩牙床。刚开始，宝宝可能会因摩擦疼痛而稍显排斥，但当他发现按摩后疼痛减轻了，就会安静下来并愿意让妈妈用手指帮自己按摩牙床了。

3. 补钙。哺乳的妈妈要多食用含钙量高的牛奶、豆类等食物，并可在医生的指导下给宝宝补钙。

4. 加强对宝宝口腔的护理。在每次哺乳或喂辅食后，给宝宝喂点儿温开水冲冲口腔，同时每天早、晚 2 次用宝宝专用的指套牙刷给宝宝刷洗牙龈和刚露出的小牙。

最好不要干涉宝宝独自玩耍

在这个时期，宝宝逐渐对周围环境有了主观的认识，而且能够独自玩耍。但是，当宝宝独自玩耍时，最好由妈妈或其他亲人在一旁照顾。在这个时期，宝宝睡醒后不会哭闹，还能安静地玩自己的手和脚，或者望着周边的东西。只要事先将危险的物品收拾好，就能让宝宝自由地玩耍。

免疫力变弱时，要特别注意预防疾病

宝宝出生时带着从妈妈体内获得的抗体，

所以新生儿一般都不会生一些小病。可到了这个时期，宝宝从妈妈身上得到的抗体会逐渐消失，而且由于经常外出，会容易感冒或发热。为了使宝宝不患疾病，要经常打扫室内卫生、开窗透气，保持清爽的室内环境。外出时，给宝宝多穿几件较薄的衣服，便于热的时候随时脱去。外出回家后，一定要把宝宝的手和脚洗干净。

外出注意安全

在这个时期，宝宝坐婴儿车外出的次数比较多，因此要选购轮子和弹簧结实并且带刹车的婴儿车。出行时，应该给宝宝系上安全带。由于婴儿车里的宝宝距离地面较近，很容易接触到汽车排出的废气或灰尘，因此要在车辆较少的路上散步。

宝宝适合光脚还是穿鞋子

尽管宝宝还不会站立、走路，老人也总喜欢让宝宝穿上软软的鞋子。妈妈有时候觉得没这个必要，可又拿不准。这个时候的宝宝究竟需不需要穿鞋呢？

💡 光脚好处多

1. 宝宝尚未走路前，是没有必要穿鞋的，虽然有时候他的小脚丫摸起来凉凉的，但光着脚对他没什么不好。

2. 即使宝宝能站立和行走了，光着脚也是有很多好处的。宝宝的脚底生来是平的，如果光脚站立和行走，脚底会逐渐略拱起来，还能促进脚部和腿部肌肉的发育。如果总把脚裹在鞋子（特别是鞋底过硬的鞋子）里，则容易使宝宝的脚底肌肉松弛，造成平足。

3. 宝宝在室内或者在室外安全的地方（如温暖的海滨沙滩上）光着脚行走，可以使脚底得到充分刺激，并促进全身的健康。

💡 半软底的鞋更合适

如果室内温度低或地板特别凉，就有必要给宝宝穿鞋了。这时候，鞋子可起到保暖、保护和装饰的作用。

鞋子要略大一些，使脚趾不感到挤压，但也不能大到一抬脚鞋就要掉下来。

宝宝的脚长得非常快，妈妈应每隔几周就摸摸宝宝的鞋子，看看还能不能穿。判断的标准是在宝宝站起来的时候，脚跟后应该有一根手指的空隙。

注意让宝宝穿防滑鞋，方便宝宝练习站立和行走。

透气性也很重要。宝宝的新陈代谢快，脚部出汗较多，如果鞋不透气，就很容易滋生细菌。

让宝宝更聪明的认知训练

大动作能力训练

能力特点

此时的宝宝已经能够熟练地翻身，并且能稳稳当当地坐上一小会儿。俯卧时，前臂可以伸直，能用双手撑起胸及上腹，但时间不长。

训练要点

让宝宝练习翻身，锻炼背部、腹部、四肢肌肉的力量。先从仰卧翻到侧卧，逐渐再锻炼从侧卧翻到俯卧，最后从俯卧翻成仰卧。

宝宝平躺的时候，老是翘起头来，或拽着爸爸妈妈的手就想要坐起来，这是宝宝要学坐的信号。爸爸妈妈要为宝宝创造锻炼的机会，通过一些小游戏，帮助宝宝学习坐起来。

精细动作能力训练

能力特点

宝宝手部的抓握能力已经相当强，不但可以牢牢地抓住东西，而且会自己伸手去拿或摇动。

训练要点

加强精细动作的训练，应遵循宝宝自身发育的规律，在训练宝宝学会用手大把抓东西后，再恰当地训练宝宝用拇指和其他手指对捏并捏取一些小东西，提高宝宝手部的灵活性。

语言能力训练

能力特点

此时的宝宝已经有记忆了，在语言表达上也有了明显进步，有人叫他的名字时，他会转头寻找呼唤他的人，愉快时会发出"嗯""啊"等声音，不愉快时会发出喊叫，但不是哭声，哭的时候会发出"妈"的唇音，还能用声音表示拒绝。

训练要点

爸爸妈妈应根据宝宝这个时期的语言特点来进行语言训练，要注意使用短句，发音要清晰，让宝宝看清楚你的口形，让宝宝模仿发音。在宝宝发音时，要予以应答和鼓励，注意训练宝宝将语言与实物相结合的能力，比如说"灯"字时，妈妈要用手指灯，帮助宝宝建立语言与实际物体间的联系。为宝宝唱摇篮曲、绘声绘色地讲故事对于宝宝语言能力的提高也是非常有帮助的。

知觉能力训练

能力特点

这时的宝宝已能觉察自己正在玩的玩具被别人拿走，会用哭来表示反抗，而且反抗强烈，这是认知层面上的一大进步。宝宝也有了一定的音乐记忆，当听到好听或轻快的音乐时，会高兴得手舞足蹈。

训练要点

在这一阶段，爸爸妈妈一定要先观察宝宝平时最爱盯住什么，找出宝宝最爱看的东西，帮助宝宝逐渐熟悉身边的东西，并通过观察周围的环境来发展认知能力。

在这段时间，宝宝已经知道各种东西会发出不同的声音，妈妈可以和宝宝一起玩声音游戏，让宝宝自己动手制造出声音，从而培养宝宝的认知能力和观察能力。

情绪与社交能力训练

能力特点

宝宝开始有了自己独立的意识，开始意识到自己和妈妈是不同的个体，知道自己对周围的人和物会产生影响，甚至知道了自己的名字；开始了解什么是能做的，什么是不能做的；从镜子里看到自己时会微笑，会用不同的方式表达自己的情绪，与人交往的能力也有了很大进步；开始有一点"黏人"，但这正表明宝宝开始意识到爸爸妈妈或其他亲人对他有多重要。

训练要点

由于每一个宝宝的个性都是独一无二的，所以爸爸妈妈应根据宝宝个性的形成与发展特征，有针对性地培养宝宝。对于天生谨慎、胆小的宝宝，爸爸妈妈应多加鼓励，让宝宝活泼开朗起来，如果经常否定宝宝，他就会变得畏缩。此外，爸爸妈妈还可以通过拥抱、按摩、挠痒等皮肤接触，促进亲子间的依恋关系，这对今后宝宝情感的发展十分重要。

亲子游戏

身体游戏

小青蛙 🔍

游戏目的 激发宝宝与人交流的热情。

准备用具 一个会爬动的青蛙玩具。

参与人数 2人。

游戏玩法

❶ 让宝宝趴在床上，将青蛙放在距离宝宝1米远的地方，让青蛙呱呱叫着动起来，宝宝会非常高兴地看着玩具，还会努力向前爬，去够玩具。

❷ 让宝宝坐在床上，如果宝宝还坐不稳，可依靠枕头或其他东西。将青蛙放在距离宝宝1米远的地方，宝宝可能会由坐位向前倾斜变成俯卧位去够玩具。

情绪社交能力游戏

亲亲妈妈 🔍

游戏目的 增进亲子关系，提高宝宝与他人交往的能力。

准备用具 无。

参与人数 3人。

游戏玩法

❶ 当妈妈下班或从外边回来后，家里的照料者要抱着宝宝迎上去，并告诉宝宝"妈妈回来了，宝宝瞧瞧，妈妈回来了"，让宝宝亲一下妈妈后再将宝宝交给妈妈。

❷ 妈妈接过宝宝后，要对宝宝说"宝宝，叫妈妈"，同时耐心地教宝宝发出"ma"的音节。

语言游戏

认识父母 | 🔍

游戏目的 让宝宝将不同的人和相应的名称联系起来，知道"爸爸""妈妈"是什么意思，提高宝宝的语言理解和记忆能力。

准备用具 能发声的玩具，如拨浪鼓等。

参与人数 4人。

游戏玩法

1. 奶奶抱着宝宝玩，爸爸在门边摆弄一下拨浪鼓，让宝宝听见声响，奶奶告诉宝宝"爸爸回来了"，让宝宝转过头去看爸爸。

2. 妈妈在门口摆弄拨浪鼓，让声音传到宝宝耳朵里，奶奶告诉宝宝"妈妈回来了"，让宝宝转头看见妈妈。训练几次后，爸爸在门口弄出响声，奶奶告诉宝宝"妈妈回来了"，让宝宝回头看，观察宝宝看到爸爸时的表情。

知觉能力游戏

左边爸爸，右边妈妈 | 🔍

游戏目的 让宝宝在游戏中对空间概念有初步的感知，促进宝宝空间知觉能力的发展。

准备用具 会发声的小玩具，如可以捏响的鸭子。

参与人数 3人。

游戏玩法

1. 让宝宝坐在小椅子上面，爸爸坐在宝宝的左边，妈妈坐在宝宝的右边。妈妈拿着鸭子并捏响，吸引宝宝转头看妈妈和手里的鸭子，妈妈告诉宝宝："妈妈和小鸭子在这儿呢，在宝宝的右边。"爸爸躲过宝宝的视线将玩具拿过来，捏响鸭子，等宝宝转头向左边看时，爸爸好奇地告诉宝宝："鸭子在这儿呢，在宝宝的左边。"

2. 如果宝宝分不清声音的来源方向，仍然将头转向妈妈，妈妈就指着爸爸，告诉宝宝："鸭子在那儿呢，在宝宝的左边。"爸爸也跟宝宝说："宝宝看左边，鸭子在左边。"

专题 1~6个月宝宝的成长印记

检查日期：_____年___月___日
体重：___千克 **身长：**___厘米

1. **您的宝宝从几个月开始吃米糊的？**　　　　　___个月　　未吃

2. **您的宝宝从几个月开始吃蛋黄的？**　　　　　___个月　　未吃

　　蛋黄的吃法：把鸡蛋放入水中，待水煮开后，再煮10分钟左右，取出。留取蛋黄，从1/4个开始，经过0.5~1个月加到1个，用少量温开水将蛋黄调成糊，用小勺喂给宝宝即可。

3. **您的宝宝是否吃过菜水、果水，或菜泥、果泥？**　□ 是　　　　□ 否

　　添加辅食时要注意的五点：

　　（1）6个月以内的宝宝最好采用纯母乳喂养，如果较早开始添加辅食，也可继续母乳喂养至2岁或2岁以上。

　　（2）开始时只加一种食物，等宝宝习惯后，再添加第二种。

　　（3）每种食物要从少量开始添加，并在每次进食时，先给食物后给奶，使宝宝易于接受食物。

　　（4）添加食物后，如发现宝宝拉稀或有不消化的现象出现可以暂停添加，等大便正常后再逐渐添加。宝宝生病期间不要添加新食物。

　　（5）食物的品种最好多样化，使宝宝习惯多种不同的味道，这样能有效预防宝宝偏食和厌食。

4. 您的宝宝睡眠有规律了吗?   □ 有   □ 没有

一般来说,新生儿每天睡 18~20 小时,2~3 个月时为 16~18 小时,5~9 个月时为 15~16 小时,1 岁时为 14~15 小时,2~3 岁时为 12~13 小时,4~6 岁时为 11~12 小时。但要注意,睡眠时间的长短和睡眠习惯是有明显个体差异的。

5. 您的宝宝是否已出牙?   □ 是(____ 颗)   □ 否

一般来说,宝宝在 6 个月前后出第 1 颗牙,在 4~10 个月出的均属正常。

6. 您的宝宝会翻身吗?   □ 会(____ 个月开始)   □ 不会

从宝宝会翻身开始,就要预防坠床。

7. 您的宝宝会自己拿饼干吃吗?   □ 会(____ 个月开始)   □ 不会

注意: 在宝宝 5 个月大时,要到卫生保健部门接种第三针百白破三联疫苗;满 6 个月时要注射第三针乙肝疫苗,同时进行健康检查。

在这 6 个月中,您在育儿方面有哪些心得? 请记录下来:

----

6 个月宝宝生长发育记录

项目	您的宝宝	男（均值）	女（均值）
体重（千克）		7.9	7.3
身长（厘米）		67.6	65.7
头围（厘米）		43.3	42.2
胸围（厘米）		43.8	42.7
坐高（厘米）		44.1	43.0
出牙情况（颗）		0~2	

宝宝的特点

- 宝宝的咀嚼功能发育得比较好，会自己拿饼干吃了。

- 宝宝在听到自己的名字时会有所反应，会转过头来。

- 在宝宝面前摆放三块积木，当他拿到第一块后，会伸手想拿第二块，并注视着第三块。

- 给宝宝洗脸时，如果他不愿意，会将大人的手推开。

第 **7** 章

6~7个月
的宝宝

身心特点

宝宝可以自己坐起来了

在这个时期，宝宝的运动能力会提升很快，而且身体的动作非常灵活。虽然还不熟练，但是宝宝已经能够抓住椅子坐起来，而且不用倚靠东西，就能伸直后背，保持安全的坐姿。宝宝还能边爬行边在趴伏的状态下伸直后背，用手臂支撑着，移动腰和膝盖坐起。在这样的情况下，使用步行器也没有问题。不过，假如有的宝宝还不能坐起的话，也不要勉强，否则会伤及腰部。

率先长出 2 颗下牙

每个宝宝长乳牙的速度都不一样。快的话，从出生后 4 个月起就可能开始长乳牙。大部分情况下，宝宝在出生 6 个月以后开始长乳牙，6~10 个月长乳牙都是正常的，因此即使满 6 个月后还没有不长牙齿也不用过于担心。

一般率先长出的是 2 颗下牙，但每个宝宝的情况不同，长牙的顺序也有可能不一样，所以不必过分计较长牙的时间和顺序。宝宝长牙时，会流出大量的口水，而且牙龈痒痛，因此经常咬其他的物品，容易导致牙龈受伤。在这种情况下，家长应该用干净的手帕按摩宝宝的牙龈，利用固齿器保护牙龈，固齿器每天至少要消毒一次。

逐渐产生更复杂的情绪

宝宝的感情表现更加细腻，更加复杂，包括厌恶、欢喜、悲哀、好奇、疲倦等多种感情。50%的宝宝可以对"不行"等话语做出反应，并能控制自己的行为。为了防止给宝宝带来不必要的恐惧，应该保持愉快的心情与宝宝接触。

另外，一般宝宝见到陌生人会别过脸去，会认生，有的宝宝不喜欢男人，有的不喜欢女人，有的不喜欢岁数大一些的人……不同宝宝的好恶有一定的差异。如果有谁想拿走自己手里的玩具，宝宝会明确地表示拒绝。

眼睛和手的协调能力发育得更加成熟

宝宝眼睛和手的协调能力发育更加成熟，经常把手里拿着的东西放进嘴里吸吮或咀嚼。要是把黄瓜、胡萝卜或饼干之类的食品放在宝宝手里，宝宝会放进嘴里吃。宝宝调控手指的力量还比较弱，有时候一伸开手，拿着的东西就会掉落。但是，这只不过是宝宝熟悉手感的过程。发育不会在某一天突然成功，而是需要不断地训练和练习的。因此，平时要让宝宝经常进行自然、持久的练习。

能发出韵母和韵尾音

在这个时期，宝宝舌头的活动也比较活跃，能发出韵母和韵尾音，偶尔还能说出"妈妈"等模糊的话。一般情况下，宝宝可以发出"呜呜""嗒嗒"等声音，也包括"阿爸""阿妈"等简单的婴儿用语。等到舌头的应用逐渐熟练以后，就可以模仿发音了。宝宝喜欢模仿妈妈的声音和动作，喜欢能发出声音的玩具。但语言能力的发展速度因人而异，因此不能给宝宝施加压力，否则反而会弄巧成拙。

喂养要点

不要浪费母乳

宝宝7个月大时，如果母乳仍然分泌得很好，还不时感到奶涨，甚至溢奶的话，就没有必要减少喂母乳的次数。只要宝宝想吃，就给他吃，不要为了给宝宝添加辅食而把母乳浪费掉。

如果宝宝晚上起来后仍然要奶吃，妈妈不要因为已经进入半断奶期，开始添加辅食了，就有意减少哺乳。这段时间，妈妈还是要喂奶，否则宝宝容易成为"夜哭郎"。

配方奶仍然重要

人工喂养的宝宝可能比母乳喂养的宝宝喜欢吃辅食。这时候，妈妈应该掌握辅食的量，即使是配方奶，对这个月龄的宝宝来说，营养价值也是超过米面食品的。因此，配方奶仍然是7个月大人工喂养宝宝的主要营养来源，不能完全用辅食来代替。

开始吃半固体食物，为断奶做准备

一定要给宝宝添加辅食，使其慢慢适应吃半固体食物，让宝宝逐渐适应断奶。7个月大的宝宝每天的奶量仍然不变，分4次喂食。在喂奶前给宝宝喂辅食，如米糊、烂面条或稠粥等，量不要太多，不足的部分用母乳或配方奶补充。等宝宝习惯辅食的味道后，可逐渐用一餐辅食完全代替一餐母乳或配方奶。辅食以谷类食物为主，同时加入蔬菜、水果、蛋黄、鱼泥、肉泥，还可添加一些豆制品。肝泥可在这个月添加，每周1~2次。这个月的宝宝有些已长出门牙，辅食中需加半固体食物，这有助于锻炼宝宝的咀嚼能力，利于牙齿及牙槽的发育。还可以让宝宝吃有咸味的食物，如在制作辅食时加少量的盐以满足宝宝的需求。

添加辅食要把握好品种和数量

这一时期在为断奶做准备，需要添加的辅食首先是以蛋白质、维生素、矿物质为主要营养成分的食物，包括蛋、肉、蔬菜、水果等，其次是含碳水化合物的食物。此外，妈妈不能单单把喂了多少粥、面条、米粉作为添加辅食的标准。奶和米、面相比，营养价值要高得多。因此，若是因为吃了小半碗粥，而让宝宝少吃一瓶奶是不对的。

宝宝的食物最好用刀切碎

宝宝到了第 7 个月，就可以用舌头把食物推到上颚，然后再嚼碎吃了。所以，在这个阶段最好给宝宝喂一些有质感的食物，即制作时不用磨碎食物，用刀切碎就行。

这个阶段的宝宝吃的食物的软硬度应是可以用手捏碎的程度，达到豆腐的软度即可。大米也不用完全磨碎，稍稍研磨就可以了。

辅食量因人而异

宝宝开始每天有规律地吃辅食，每次的量应因人而异，食欲好的宝宝应稍微吃得多一点，不用太依赖规定的量，应调节在每次 60～90 克，不宜喂得过多或过少。

在比较难把握辅食的量时，可以用原味酸奶杯来计量。一般来说，原味酸奶杯的容量为100 克，因此要喂 80 克的量时，只需取原味酸奶杯的 4/5 左右即可。

制作辅食的注意要点

干净

在为宝宝准备辅食时，要用到很多用具，如案板、锅、铲、碗、勺等。这些用具最好能用清洁剂洗净，充分漂洗，用沸水或消毒柜消毒后再用。此外，最好能为宝宝单独准备一套烹饪用具，这样能有效避免交叉感染。

单独制作

宝宝的辅食一般都要求清淡、细烂，所以要为宝宝另开小灶，不要让大人的过重口味影响宝宝。为宝宝制作辅食时，最好采用蒸、煮等方式，要避免长时间烧煮、油炸、烧烤等，以保留原料中尽可能多的营养素。辅食的软硬度应根据宝宝的咀嚼和吞咽能力来及时调整。食物的色、味也应根据宝宝的需要来调整，不要按照妈妈自己的喜好来决定。

现做现吃

给宝宝吃的食物，最好现做现吃。上顿吃剩的食物在味道和营养上都会大打折扣，还容易被细菌污染，所以尽量不给宝宝吃。

为了方便，可以在准备生的食材（如菜碎、肉末）时，一次性多准备些，再根据宝宝的食量，用保鲜膜分开包装后放入冰箱内保存。需要注意的是，这样保存的食材要在一星期内吃完。

护理要点

做好安全防护

护栏助安睡

宝宝的睡床要有护栏，床架应适当调低一点儿，床边还要摆放小块的地毯。注意，绝对不要在附近放置熨斗、暖水瓶等物品，万一宝宝从床上摔到地上，碰到这些器具，不仅可能会伤了脸，留下终身的瘢痕，还可能会造成更加严重的后果。

防磕碰

家具应尽量选择圆角的款式，或用塑料安全角把边角包起来。如果卧室在楼上，要加设一道安全门。家具、门、窗的玻璃要安装牢固，避免因碰撞引起破碎。所有的门都要加设门卡，以免夹伤宝宝的手指。

防误伤

除去所有台布，防止宝宝因扯掉台布而被上面落下的东西砸伤。

玩具要放在位置较低的地方，切不可在地上乱放，以免宝宝被绊倒。

把茶几收拾整齐，热的或重的东西，以及打火机、火柴、针、剪子、酒等危险品，不要放在茶几上面，也不要放在宝宝能够到的地方。

不要让宝宝触碰容易打碎的东西。墙上的搁物架要固定好，高度以宝宝够不着为准。

防触电

电线应沿墙根布置，也可以放在家具背后，尽量布置得隐蔽一些、短一些。床头灯的电线不宜过长，最好选用壁灯，以减少电线的使用。尽量用最短的电线接电器，不用的电器应拔去电源。

电视机、影碟机等电器要放在宝宝够不到的地方，不用时应切断电源。冬天使用的电暖器和夏天使用的电扇都不要放在床前。

防中毒

家里不要摆有毒、有刺的植物。化学制剂

（如药品、清洁剂、化妆品等）要妥善保存，防止宝宝接触。

现在学走路还过早

宝宝刚刚能在扶持下稳稳地站起来，有些心急的爸爸妈妈就开始让宝宝学习走路了，殊不知这样做容易对宝宝造成伤害，因为此时宝宝的骨骼还没有完全发育好，还不能独立承受自身的重量。

宝宝一般在 9~10 个月开始学走路，这是生长发育过程中最适合开始走路的时间。如果宝宝在 6~7 个月就开始坐学步车，或者被强迫练习走路，将极易导致下肢骨骼发育不良，形成"O"形腿或"X"形腿。

给宝宝挑选一副儿童安全座椅吧

头枕要舒适、防撞

宝宝处在大脑生长发育的重要时期，需要特别加以保护。因此，在挑选座椅时，不仅要考虑宝宝是否舒适，还要考虑是否有良好的防撞功能。

椅背可调

椅背最好能调节成不同的倾斜角度，以满足宝宝睡眠、玩耍等不同状态的需要。弧度深的靠背可有效防止侧撞。内层要有防撞层，以减轻碰撞时的冲击力。安全带及锁扣（包括肩垫、胯垫、护裆）等部件的细节处理都要考虑到宝宝的舒适和安全。有些锁扣还能显示安全带是否已经系牢，防止因成人的一时疏忽而造成安全隐患。

选购可反向安装的座椅

1 岁以内的宝宝要使用可反向安装的座椅，1~3 岁的宝宝也应尽可能久地坐这类座椅，直至他们达到座椅生产商所允许的最高身高或体重限制。这是保护宝宝安全的最佳方式，因为在真正出现事故的时候，冲击力总是朝向车头，反向安装的安全座椅可以让宝宝的背部与安全座椅靠背充分接触，最大限度地分散冲击力，保护宝宝的脊柱和头颈。

爸爸也要经常与宝宝相处

宝宝的活动力和好奇心增强了，因此需要让宝宝的活动多样化。爸爸可以利用周末或晚上的时间，与宝宝单独相处。与跟妈妈在一起不同的是，跟力量更大的爸爸在一起进行一些全身活动，能够对宝宝的身心发育起到极其重要的作用。

让宝宝更聪明的认知训练

大动作能力训练

💡 能力特点

这个月的宝宝可以独立坐在床上，并能坚持10分钟；有了爬行的欲望和动作，平衡能力越来越强；如果扶着他站立，他能站得很直，并且喜欢在扶立时跳跃。

💡 训练要点

爬对宝宝来说是一个非常有益的动作，它能调动宝宝全身许多部位的参与，能够锻炼宝宝全身肌肉的力量和协调能力，增强小脑平衡与反应的联系。因此，在这个时期，父母一定要配合宝宝做好爬行练习。练习时，爸爸妈妈可以一个人拉着宝宝的双手，另一个人抵住宝宝的双脚，拉左手的时候抵右脚，拉右手的时候抵左脚，让宝宝的身子被动协调起来。

精细动作能力训练

💡 能力特点

这时的宝宝已能用手掌拿东西，会用拇指和其他手指的前半部分捡起较小的东西，特别是食指的能力有了很大的提高，会把食指伸进瓶口，掏出里面的东西，会把手伸进盒子里拿起里面的玩具。宝宝基本掌握了简单玩具的功能，并能按要求去做。把玩具等物品放在宝宝面前，他会伸手去拿，并放进口中。

💡 训练要点

把宝宝的手洗净，鼓励他抓饼干、水果片之类的食品，并往嘴里放。另外，还可以让宝宝自己玩盖盖子、捡玩具等游戏。

语言能力训练

💡 能力特点

在这一阶段，宝宝能发出一些很熟悉的音节，并经常对熟悉的人说话。除了发出自己本身的声音外，宝宝还开始模仿听到的来自外界的声音，如咳嗽声、咂嘴声等，并会使用自己母语范围内的音素来表现。宝宝最爱模仿爸爸妈妈的话语，这种模仿在宝宝还不能正确发音的时候就出现了。

💡 训练要点

坚持与宝宝多说话，教宝宝唱儿歌，让宝宝感受儿歌的韵律和节奏，增强宝宝对语言的记忆能力。重复训练宝宝发出各种音节，叫宝宝的名字，训练宝宝从很多人的名字中辨识出自己的名字。

知觉能力训练

💡 能力特点

宝宝看东西时，视线能随移动的物体上下左右地移动，能追视落下的物体，寻找掉下的玩具，能简单地辨别物体的大小、形状及移动的速度。听觉能力也越来越灵敏，能够确定声音发出的方向，能简单地区别语言的意义，能辨别各种声音，对严厉和和蔼的音调会做出不同的反应。

💡 训练要点

培养宝宝的视觉和听觉能力需要从多沟通、多交流开始，要多给宝宝看一些形象逼真的玩具和图片，告诉他名称并逗引他用眼睛去找。继续给宝宝播放儿童乐曲，以训练听觉能力，培养注意力和愉快情绪，促进语言的发展。

情绪与社交能力训练

💡 能力特点

心情愉快时，宝宝能主动与大人交流，并且会发出类似"爸爸""妈妈"的叫声，以引起他人的注意。见到爸爸妈妈或其他经常照料他的人时，宝宝会主动要求抱抱，见到陌生人时则有明显的害怕、焦虑反应及哭闹行为等。

💡 训练要点

可以通过做游戏的方法来培养宝宝的社会交往能力，比如与宝宝玩藏猫猫游戏，妈妈用手绢遮住自己的脸，逗引宝宝找到自己。也可以教宝宝玩寻找玩具的游戏，将有趣的玩具给宝宝玩一会儿，然后当着他的面把玩具藏起来，露出一小点儿，再引导他来找。

亲子游戏

身体游戏

坐稳 🔍

游戏目的 训练宝宝往左右转身后仍能坐稳的能力。

准备用具 玩具，如拨浪鼓等。

参与人数 2人。

游戏玩法

1. 当宝宝已经能坐稳，并能用双手拿玩具而不必再用手支撑身体后，妈妈可从宝宝的左右两侧给宝宝送去玩具，观察宝宝接过玩具后是否仍能坐稳。
2. 在宝宝的侧方同宝宝说话，让宝宝把身体转向自己，训练宝宝变换体位后仍能坐稳的能力。

认知游戏

藏猫猫 🔍

游戏目的 让宝宝认识更多的物品。

准备用具 无。

参与人数 3人。

游戏玩法

1. 爸爸藏在妈妈身后，妈妈对着宝宝说："爸爸哪里去了？"宝宝会到处搜寻，这时，爸爸突然出现了，说："爸爸在这里呢！"
2. 妈妈可以把玩具、奶瓶等物品藏到身后，再把它拿出来给宝宝看。

情绪与社交能力游戏1

认识亲人 🔍

游戏目的 扩大宝宝的交往圈子，让宝宝自然地学会与人交往，减少宝宝对陌生人的恐惧感和羞怯感。

准备用具 无。

参与人数 3人。

游戏玩法

❶ 家里来人时爸爸妈妈要告诉宝宝这是谁，该怎么称呼。

❷ 让宝宝打招呼问好。例如，外婆来了，妈妈跟宝宝说："宝宝，快来跟外婆问好。"朋友家的小男孩来了，就告诉宝宝："这是哥哥，宝宝想不想和哥哥一起玩啊？哥哥很喜欢你。"

情绪与社交能力游戏2

小宝宝照镜子 🔍

游戏目的 培养宝宝良好的情绪，提高宝宝的自我意识和与人交流的能力。

准备用具 无。

参与人数 2人。

游戏玩法

❶ 妈妈一边拿着镜子在宝宝面前慢慢移动，一边对宝宝说"宝宝看，镜子里的宝宝正在看我们呢"，吸引宝宝注视镜子里的自己。

❷ 妈妈拉着宝宝的手触摸镜子里的宝宝，和镜子里的宝宝招手，还可以学着宝宝的样子对镜子里的宝宝进行简单的"问候"，逗引宝宝跟着妈妈对着镜子里的宝宝说话。

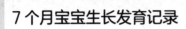

7 个月宝宝生长发育记录

项目	您的宝宝	男（均值）	女（均值）
体重（千克）		8.3	7.6
身长（厘米）		69.2	67.3
头围（厘米）		44.0	42.8
胸围（厘米）		44.0	42.9
坐高（厘米）		44.2	43.2
出牙情况（颗）		2~4	

宝宝的特点

- 宝宝懂得了"不许"的含义，还学会用招手表示"再见"了。

- 宝宝会连续翻滚了，也能坐得比较稳当了。

- 宝宝拿到东西后，会翻来覆去地看看、摸摸、摇摇，表现出积极的感知倾向。

- 宝宝能独坐很久，能将玩具从一只手换到另一只手上。

- 宝宝能发出"爸爸""妈妈"等复音，但大多是无意识的。

第8章

7~8个月
的宝宝

身心特点

宝宝会爬了

在这个时期，宝宝的手臂和后背的肌肉迅速发育，爬行的动作已经相当熟练。先是趴着用腹部爬行，接着抬起腹部，使用膝盖爬行，到了能够独自站立的阶段，就能抬起膝盖爬行了。

爬行阶段同样因人而异，因此完全不必因为没有经历哪个过程而感到担心。通过爬行练习，宝宝可以熟悉平衡感，使肩膀和胸部的肌肉得到锻炼，身体也能更加灵活。而且，宝宝能够直接爬到自己想去的地方的话，会产生成功的喜悦。

总是被家长抱着或经常使用步行器，再加上宝宝本身胆子较小的话，学会爬行的时间可能会延长。偶尔也会有不经过爬行就能站立的宝宝，所以用不着过分担心。

在这个时期，宝宝能在地上爬行，因此要注意看管宝宝，以免受伤。为了鼓励宝宝爬行，可以在宝宝面前多放 2~3 个玩具。如果宝宝抓到了玩具，就应该及时地给予鼓励。

手的活动更加频繁

宝宝能把一只手上拿着的玩具换到另一只手上，而且还能捡起掉落在地上的东西。宝宝能通过做手指屈伸的动作抓住旁边的东西，还能抓住奶瓶自己含着奶嘴吸吮。虽然还不能利用指尖抓住东西，但是到了一定的时候突然就能完成这样的动作，因此绝对不能把药丸之类的东西放在宝宝伸手能够抓到的地方。

直接用匙子吃东西

由于宝宝能将抓到的任何东西放进嘴里，因此在吃辅食的时候，也会抢过匙子想自己直接吃。当然，有时宝宝只是拿饮食来淘气而已。尽管如此，妈妈也不要因为担心这样的淘气会演变为不良的习惯而每逢这样的情况时都加以阻止，否则有可能会使宝宝一点一点失去自己动手的意志。假如宝宝想自己直接用匙子吃东西，应该满足宝宝的要求，并尽量帮助宝宝吃进嘴里。等宝宝自己不想做的时候，再由妈妈拿过匙子来喂。

能够独自坐起来

在这个时期，宝宝能独自坐起来。但每个宝宝能坐起来的时间都不一样，重复倒下的经验可以让宝宝掌握坐稳的要领。只要能坐稳，宝宝的世界就更加宽阔了，而且宝宝会变得更加聪明。

长出牙齿

一般情况下，宝宝在出生后 6~7 个月开始长牙，出生后 8 个月就会长出两颗牙齿。但宝宝的情况各不相同，发育较早的宝宝会在出生后 4 个月就长出牙齿，而发育较晚的宝宝可能在满一周岁后才能长出牙齿。何时长牙主要是个人的遗传特质操控的，其他因素纵有影响，也是微不足道的。另外，长牙齿的顺序没有特定的规律，牙齿的形成跟营养、智力无紧密关联，因此不用过于担心。

怕生

随着智力的增长，宝宝会更害怕陌生人。宝宝根据自己的判断，会在大脑中形成衡量"好人"和"坏人"的标准，而且能记住经常见到的人，这也是智力发育的表现之一。当宝宝出现怕生的表现时，应该给宝宝充足的时间慢慢地熟悉陌生人。

有预知能力和模仿能力

如果每天重复同样的动作，那么宝宝就能预想第二天也会发生同样的事情。一般情况下，宝宝都能顺利地学会握握拳、指指脸等游戏。预知能力和模仿能力的形成，意味着宝宝已经做好了了解外部世界的准备。

眼睛和手的协调能力更强了

宝宝眼睛和手的协调能力更强了，经常会把手里拿着的东西放进嘴里吸吮或咀嚼。要是把黄瓜、胡萝卜或饼干之类的食品放在宝宝手里，宝宝就会放进嘴里吃。宝宝调节手指活动的力量还比较弱，拿着的东西常常会掉落下来。但是，这只不过是宝宝熟悉手感的过程。发育不会在某一天突然成功，而是需要不断练习的。因此，平时要让宝宝经常进行自然、持久的持物练习。

喂养要点

每天至少喂 3 次母乳

虽然辅食的量在慢慢增多，但这一时期，宝宝还是应以母乳为主食。哺乳量虽然会慢慢减少，但仍应保证每天至少哺乳 3 次，总量为 500~600 毫升。注意要在吃完辅食后哺乳，且不要让吃辅食和吃母乳之间有时间间隔，这是为了保持宝宝一日三餐的好习惯。

添加辅食不等于断奶

如果母乳比较充足，但因为宝宝不爱吃辅食而把母乳断掉，这是不应该的。母乳毕竟是宝宝很好的食物，不能轻易就断掉。

必须要添加辅食了

宝宝半岁以后，就绝不能单纯以母乳喂养了，一定要添加其他的食物。添加辅食的主要目的之一是补铁，因为母乳中铁的含量比较低，需要通过辅食来补充，否则宝宝可能会出现缺铁性贫血。

让宝宝吃肉来补铁

宝宝到 6 个月大时，已经基本耗尽从母体中得到的铁、锌等营养素，因此最好通过从外界摄取来补充体内的铁。

肉类是不错的铁来源。比较适合用来补铁的肉类有低脂肪且不容易引起过敏的牛肉和鸡胸肉。肉汤对补铁的帮助并不是很大，所以最好将瘦肉捣碎后放到粥中一起喂给宝宝吃。

合理安排好配方奶和辅食

如果宝宝一次能喝 150~180 毫升的配方奶，就应该在早、中、晚让宝宝喝 3 次，然后在上午和下午各加 1 次辅食，再临时调配 2 次点心、果汁等。

如果宝宝一次只能喝 80~100 毫升的配方奶，那么一天要喝 5~6 次，才能补充足够的蛋白质和脂肪。

喂养的方法可以根据宝宝吃奶和辅食的情况进行调整。两次喂奶间隔和两次辅食间隔都不要短于 3 小时，奶与辅食间隔不要短于 2 小时，点心、水果与奶或辅食间隔不要短于 1 小时。喂食顺序应该是奶、辅食在前，点心、水果在后，也就是说吃完奶或辅食 1 小时之后才可以吃水果和点心。

预防肥胖

在饮食方面，爸爸妈妈不要以填鸭的方式不停地让宝宝吃东西。一般来说，宝宝 3 个月以前，每天每千克体重需 120～150 毫升的奶量；4～6 个月时，除维持原来的奶量标准外，还可以给宝宝增加米糊、麦糊或果汁等辅食，每天的量为小半碗。在宝宝进食的过程中，爸爸妈妈要多观察，若是感觉宝宝吃饱了，就不要再喂了。

开始每天喂一次零食了

到 8 个月大时，宝宝开始学会爬行，能扶住某一东西站起，活动量增加了很多，因此应增加辅食量来满足热量的需求。但是，一次消化大量的食物对宝宝来说是个负担，所以需少食多餐。

此外，这一时期除辅食外，还应一天喂 1～2 次零食来补充热量和营养。煮熟或蒸熟的天然食材是适合宝宝的最佳零食。饼干或饮料之类的食物热量和含糖量过高，不宜过多食用。

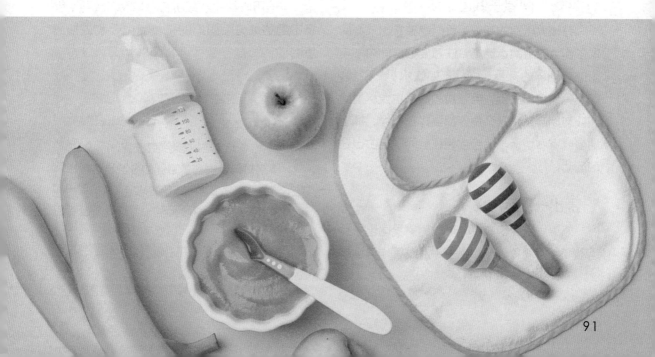

护理要点

布置家庭运动场

安全的小床

床边要有不低于90厘米的坚固栏杆，并且床内不要放大型玩具，防止宝宝爬上玩具，翻过栏杆摔伤自己。

准备一间屋子做运动场

有较大居室的家庭，可以单独拿出一小间屋子作为宝宝的运动场。注意要把房间内不牢固的、细碎的家具、物品（如饮水机、茶具、花架等）全部搬走，电源线和插座也要尽量隐藏或封闭起来。各个角落都要打扫干净，铺上地垫或者木地板，让宝宝能在房间里自由自在地运动。

围出一片运动场

如果居室面积较小，可以用家具围出一片运动场，用墙角、床、柜子、沙发等作为运动场的边界，铺上塑胶地板或者毯子，以便宝宝在"运动场"里面翻滚爬行。

警惕可能带来危险的小物件

在出生后5~8个月，宝宝会把所有能抓到的东西都往嘴里塞，因此有时会发生小物品堵住喉咙引起呼吸困难的事故。为了宝宝的安全，应该用收纳盒收好所有小物品，放到宝宝拿不到的地方。妈妈的化妆品也要收进抽屉里哟。

温馨提示

防止宝宝被电源插座伤害

宝宝对电源插座等带孔的东西比较感兴趣，应该用套子套上不常用的插座，并把常用的插座藏在宝宝看不到的地方。

爬行训练三步骤

🔅 先练习用手和膝盖爬行

当宝宝的两条小腿具备了一定的交替运动能力后，可在宝宝面前放一个吸引他的玩具。为了拿到玩具，宝宝很可能会使出全身的劲儿向前匍匐爬行。开始时，宝宝可能会后退，爸爸妈妈要及时用双手顶住宝宝的双脚，使宝宝得到支持力而往前爬行，这样宝宝慢慢就学会了用手和膝盖往前爬。

🔅 再用手和脚爬行

待宝宝学会用手和膝盖爬行后，可让宝宝趴在床上，用双手抱住他的腰，把小屁股抬高，使两个小膝盖离开床面，小腿蹬直，前面用小胳膊支撑着，轻轻用力让宝宝的身体前后晃动几十秒，然后放下来。每天练习3~4次，能增强宝宝手臂和腿的支撑力。

当宝宝的支撑力增强后，可以稍用力些慢慢用双手抱住宝宝的腰，促使宝宝往前爬。一段时间后，可根据情况试着松开手，用玩具逗引宝宝独立向前爬。

🔅 尝试独立爬行

妈妈先整理出一块宽敞干净的地方，收起一切危险物品，再随意放一些玩具，任宝宝在地上抓玩。妈妈最好让宝宝在自己的视线范围内活动，以免出现意外。

给宝宝选择着装时要考虑的问题

1. 以柔软、吸汗、不起静电的纯棉制品为佳，兼顾保暖和耐磨的需要。

2. 颜色要上下搭配，做到整体协调。

3. 款式要与活动内容相适应，最好以简洁、大方、实用为主，减少不必要的装饰和配件。

4. 跟爸爸妈妈外出时，要注意让宝宝的衣着与爸爸妈妈的穿戴相协调。

温馨提示

为宝宝选购A类服装

给宝宝选择衣服时，不仅要考虑美观和实用性，还要特别注意安全问题。根据国家有关纺织品的规定，婴幼儿服装属于A类，直接接触皮肤类的服装属于B类，其他非直接接触皮肤类的服装属于C类。

因此，在为婴幼儿购买衣服时，首先应该看服装的标签上是否有A类婴幼儿服装的字样，如果没有，则有可能会影响宝宝的健康。

让宝宝更聪明的认知训练

大动作能力训练

能力特点

四肢和小脑的协调使得宝宝身体活动有了保持平衡的可能。宝宝需要继续学习爬行，爬行能促进宝宝进一步生长发育。

训练要点

这个月，要重点对宝宝进行爬行训练。让宝宝学爬行的意义在于让他能够随自己的意志移动身体。可以将玩具放在离宝宝有一定距离的地方，引导宝宝爬行。

精细动作能力训练

能力特点

宝宝的手眼协调能力在不断完善，加上手部动作灵活度的增强，宝宝在这个月里已经能够随心所欲地抓起摆在他面前的小东西了。抓东西时，也不再是简单地抓起来握在手里，而是会摆弄抓在手里的东西，会把东西从一只手递到另一只手里。此外，宝宝喜欢把东西拿起来扔掉，父母拾起，他又扔掉，感觉这样充满了乐趣。

训练要点

爸爸妈妈应该给宝宝提供机会，让宝宝做一些探索性活动，而不应该阻止或限制他。可以训练宝宝用拇指、食指捏取小东西，或敲击手里的玩具。

语言能力训练

能力特点

在这个时期，宝宝的接触面逐渐扩大，能够把语言与物品联系起来，经常会主动与他人搭话。

训练要点

妈妈想让宝宝认识一件物品，可以先让他摸摸看，吃的东西可以先让宝宝尝一尝，让他有初步的感知，然后反复告诉他这一物品或食品的名称；有机会要多带宝宝外出游玩，可以把变化的环境指给宝宝看，并且要尽量争取和同龄宝宝做游戏的机会；继续教宝宝模仿大人的发音，可以训练宝宝发"da-da"的音，练习一段时间后，宝宝能准确发出两个或两个以上的辅音，但发音内容无所指。此外，爸爸妈妈还可以鼓励宝宝模仿大人的动作或声音，如点点头表示感谢。

知觉能力训练

能力特点

这一阶段是宝宝视听能力发育的良好时期，宝宝对音乐、语言的理解能力有所提高。

训练要点

坚持给宝宝放一些儿童歌曲，给宝宝营造一个优美、温柔、宁静的音乐环境；用各色卡片训练宝宝辨认颜色的能力；训练宝宝的空间知觉能力，教宝宝辨识方位。

情绪与社交能力训练

能力特点

在情绪与社交能力方面，宝宝对训斥或赞许会产生委屈或兴奋的不同表现。当大人在宝宝面前做事时，宝宝会观察大人的行为并加以模仿。

训练要点

培养宝宝良好的情绪及社交能力，需要注意以下四个方面：首先，要为宝宝树立良好的榜样，注意待人说话的态度；其次，要给予宝宝参与游戏的机会，经常请一些小朋友到家里玩，在娱乐中培养宝宝分工合作、勇敢、公平往来的行为习惯，让宝宝学会尊重他人的权利等；再次，就是多带宝宝外出交际，在实践中掌握社交秩序和规则；最后，要注重培养宝宝的责任感。

亲子游戏

语言能力游戏

抽纸巾 | 🔍

游戏目的 训练宝宝小手的灵活性，促进手部肌肉发育，锻炼宝宝抽取、拨拉的能力。

准备用具 抽取式纸巾。

参与人数 2人。

游戏玩法

❶ 将抽取式纸巾放到宝宝面前，示范抽取纸巾的动作。

❷ 妈妈边抽拉边语言跟进，比如"拉，拉"，也可拿起宝宝的小手边抽拉边说，几次之后，宝宝就可自己完成抽拉的动作了。

数学能力游戏

比较大小 | 🔍

游戏目的 锻炼宝宝比较物品大小的能力。

准备用具 准备两个大小不同的同类物体，比如一个大橘子、一个小橘子。

参与人数 2人。

游戏玩法

❶ 把大橘子和小橘子放在宝宝面前，宝宝通常会喜欢抓大的橘子，此时宝宝已经在用眼睛估量，区分大小。

❷ 妈妈可以用语言强化，拿起大橘子同时语言跟进"大橘子"，拿起小橘子同时说"小橘子"，让宝宝初步理解"大"和"小"的关系。

身体游戏1

拉绳取物 　　　｜ Q

游戏目的 发展眼、手、脚协调动作的能力，促进全身肌肉活动并锻炼意志。训练宝宝解决问题的能力，建立初步的因果关系认识。

准备用具 一根系有玩具的绳子。

参与人数 2人。

游戏玩法

家长抱宝宝坐在桌边，桌上放一根系有玩具的绳子，绳子另一端放在宝宝手能触摸到的地方，然后示意宝宝伸手去拉绳，教他学习朝自己的方向拉绳，直到拿到玩具为止。

身体游戏2

爬行取球 　　　｜ Q

游戏目的 发展眼、手、脚协调动作的能力，促进全身肌肉活动并锻炼意志。

准备用具 球（或其他玩具）。

参与人数 2人。

游戏玩法

❶ 让宝宝俯卧在床上或桌上，在他前面放一个球（或其他玩具），逗引宝宝向前爬行。

❷ 在宝宝跃跃欲试移动身体时，鼓励他："小球在前面，爬过去拿小球吧！"同时，用两手掌顶住宝宝的左右脚掌，用力向前交替推动，使宝宝的脚借着推力蹬着向前移动身体，直到取到球。经过反复练习，宝宝就能逐渐学会独立爬行。

8 个月宝宝生长发育记录

项目	您的宝宝	男（均值）	女（均值）
体重（千克）		8.6	7.9
身长（厘米）		70.6	68.7
头围（厘米）		44.5	43.4
胸围（厘米）		44.7	43.4
出牙情况（颗）		2~4	

宝宝的特点

- 妈妈将玩具用布盖住大半部分，宝宝能找得到。

- 宝宝喜欢用食指抠洞或按遥控器、手机上的按键。

- 宝宝开始能匍匐前行，有的时候还能扶着物体站起来。

- 宝宝能自如地伸手拿玩具，也开始学着捡玩具。大人手里拿着洋娃娃逗引宝宝，宝宝会追着抓大人手中的洋娃娃。

- 能听懂、理解大人的话，能读懂大人的面部表情，并逐渐学会辨识他人的情绪。

第 9 章

8~9个月的宝宝

身心特点

能坐稳 10 分钟左右

只要手里有玩具，宝宝就能独自坐在那里玩上 10~20 分钟，而且不会轻易歪倒，手的活动也更加自然，在这个时期，宝宝能够自由地爬行，而且能够在地板上翻滚。宝宝还能抓住桌子、柜子等试图站立起来。

一开始，宝宝只能把肚子贴在地板上爬行，但很快就能用膝盖和双手爬行了。有些宝宝还会跳过爬行的过程，直接站起来。但在学会走路之前，还是应该先多多练习爬行。

独自玩耍的时间逐渐增多了

如果宝宝能够坐立，或者自由地活动手脚，那么独自玩耍的时间也会相应增加。这个时期，宝宝的好奇心更加强烈，尤其对观察玩具产生了兴趣。应该让宝宝逐渐习惯、享受独自玩耍的时间。但是，爸爸妈妈千万不能掉以轻心，要时刻注意保护宝宝的安全。

能听懂简单的语言

宝宝可以根据人的表情区分"好坏"，而且能听懂简单的语言。宝宝理解语言的速度相当快，如果听到自己的名字，就会转头，而且喜欢模仿父母的动作。如果父母说"拜拜""再见"并挥手，宝宝很快就能模仿。

能够利用手指拿住玩具了

宝宝手指的灵活程度提高了，能够捡起掉在地上的小东西，能够拿住杯子自己喝水，还能够很自然地把一只手里的玩具换到另一只手里。宝宝开始对背包带或绳子之类的东西产生极大的兴趣，因此可以经常让宝宝抓一些这样的东西。

抓住东西后能站立起来

发育较快的话，宝宝在出生后 7~8 个月就会试图抓住东西站起身来。到了 8~9 个月的时候，就能抓住妈妈的手站起来，甚至还能移动几步。此时，可以通过做活动手脚的游戏来增强宝宝肌肉的力量。为了使宝宝便于活动，应让宝宝穿上比较宽松的衣服。在家里的时候，要让宝宝光着脚，以防站起时滑倒。每个宝宝的脾气都不一样，有的喜欢凭自己的力量站起来，有的刚想站起来又一屁股坐在地上，从而变得胆小谨慎。对后一种类型的宝宝，可以采用在臀部轻轻托一把或抓住手的方法，帮助宝宝站起来。

好奇心很强

在这个时期，宝宝会尝试体验各种东西。当小铃铛掉地上时，如果妈妈帮宝宝捡起来，宝宝就会再次将铃铛扔在地上。对宝宝来说，这是很有趣的实验，因此妈妈应该尽量满足宝宝的好奇心。

宝宝拿起、摇晃或扔掉玩具，都是一种探索的过程。在这个时期，应该给宝宝准备一个尽情探索的空间。宝宝的好奇心越强，探索的欲望也就越强，因此应该通过捉迷藏等游戏来满足宝宝的好奇心。

宝宝最需要的是快乐

爸爸妈妈为宝宝东奔西走，忙前忙后，盯着宝宝的吃喝拉撒，盯着宝宝的高矮胖瘦，盯着宝宝的一举一动。这些都是宝宝生长发育中不可忽略的内容，可大多数爸爸妈妈往往会忽视：最应该给宝宝的是什么？宝宝最应该得到的是什么？最需要的是什么？实际上，宝宝最需要的是快乐，多给宝宝自由时间，多些自然的养育，多让宝宝自己选择，多和宝宝玩就是给宝宝最大的爱。

喂养要点

辅食一天 3 次，一次 120 克

根据这个月龄宝宝的热量需要，可以一天给宝宝喂 3 次辅食，每次的量可以增加到 120 克，食物也应该更黏稠。

辅食的种类可以多种多样

这个月龄宝宝的辅食可以是多种多样的。主食可以选择面条、粥、馄饨、饺子、包子、米饭和馒头等，只要宝宝能吃，也喜欢吃就可以，米饭要做得软烂一点。副食可以选择各种蔬菜、鱼、蛋、肉类（猪肉和鸡肉），肉应做成肉末，至少也要剁得像肉馅一样。

宝宝跟大人一起吃饭时的注意事项

抱着宝宝坐在饭桌旁时，一定要注意安全，热的饭菜不要放在宝宝身边，防止宝宝把饭菜弄翻，导致烫伤。宝宝的皮肤娇嫩，即使大人感觉不是很烫的食物，也很有可能把宝宝烫伤。

不要让宝宝拿着筷子或饭勺玩耍，以免戳到眼睛或喉咙。

要让宝宝减少对乳头的依恋

从这个月开始，妈妈要注意让宝宝减少对乳头的依恋。如果乳汁不是很多，应该在早上起来、晚上睡前喂母乳。吃完辅食后，宝宝一般是不会饿的，即使有吃奶的要求，妈妈也不要让宝宝吸吮乳头。如果妈妈已经没有奶水了，就不要让宝宝继续吸着乳头玩。

宝宝没有了对妈妈乳头的依恋，到了断奶期时就会很顺利地断奶，不需要强制断奶。如果这个月还没有面临断奶的问题，这样做也可以为以后顺利断奶做好准备。

不要给宝宝吃含有添加剂的辅食

有些加工过的袋装或瓶装食品，在加工的时候会加入一定的防腐剂、色素等添加剂，而宝宝娇弱的身体中各组织器官对化学物质的解毒功能都比较弱，如果吃了这些食物，就会加重宝宝脏器的解毒负担，甚至可能会因为某些化学物质的蓄积而引起慢性中毒。所以，不要让宝宝吃含有食品添加剂的食物。

提高宝宝食欲的方法

吃饭最好能定时

培养宝宝在固定的位置上吃饭，进餐的时间也不要拖得太久，最好能控制在 15～30 分钟。

吃饭时保持环境安静

可以将会分散宝宝注意力的玩具收起来，电视也要关上，让宝宝专心地吃饭。

吃饭时氛围要愉快

在宝宝吃饭时，不管吃了什么，吃了多少，爸爸妈妈都要保持微笑，最好不要把负面情绪表现在脸上，更不要在饭桌上训斥宝宝。

变换做法

当宝宝对某种食物特别排斥时，妈妈可以用其熬粥或者将其掺入其他食物中，或暂停几天再给宝宝喂食，而不要强迫宝宝进食或放弃给宝宝喂食。

护理要点

扶站训练

到了第9个月，宝宝不仅会独坐，还能从坐姿过渡到卧姿。俯卧时，能用手和膝撑着并挺起身来。在宝宝能坐稳、会爬后，就开始向直立方向发展，通过扶站训练能锻炼宝宝腿部和腰部肌肉的力量，为以后独自站立、行走打下基础。

这时，爸爸妈妈可扶着宝宝的腋下让他练习站立，或让他扶着沙发及床栏等站立，同时可用玩具或食品吸引宝宝的注意力，延长宝宝站立的时间。慢慢地，宝宝就能扶着物体站立了。此外，还可以在椅子上放些玩具并逗引宝宝去拿，先鼓励宝宝爬到椅子旁边，再让他扶着椅子站起来。

乳牙如何清洁

宝宝在能吃固体食物前，一般不需要专门给宝宝清洗牙齿。哺乳或喂饭后，可以给宝宝喂些温开水清洁牙齿。

宝宝开始吃固体食物后，就要每天一早一晚给宝宝刷牙了。对于八九个月大的宝宝，妈妈可以用套在手指上的软毛牙刷清洁，不必用牙膏。随着宝宝乳牙长齐，就应使用儿童牙刷和牙膏了。

刷牙习惯从现在开始培养

从宝宝长牙开始，一直到3岁，妈妈最好每天仔细地从里到外、从上到下为宝宝刷牙。长大后，即使没有进行任何专门指导，宝宝也完全可以根据口腔的感觉掌握正确的刷牙顺序和动作。

有的成年人做不到早晚两次刷牙，很大程度上是因为在儿童时期没有养成按时刷牙的好

选购质量可靠的牙刷

为宝宝选购质量可靠的牙刷非常关键，劣质牙刷不仅刷不干净，还容易刺破宝宝幼嫩的牙龈，引起宝宝对刷牙的反感。

习惯，任何教育都很难改变婴幼儿时期养成的习惯。如果我们帮助宝宝掌握了正确的刷牙方法，并养成按时刷牙的好习惯，他就会把这个习惯保持下去。对于爸爸妈妈来说，这是一项"一劳永逸"的教育。

洗洗小脚保健康

泡：让宝宝的双脚完全浸入水中，体会温水带来的脚部血流加快、轻松舒适的感觉。

搓：从脚趾到脚跟一点一点沿皮肤表面轻轻地搓过来。为了让宝宝学会自己洗脚，每次给宝宝洗脚时，手部的动作最好保持一致。

按摩：搓过一遍之后，可以给宝宝按摩整只脚，顺序也是从脚趾开始到脚跟。动作也不必太拘泥，只要让宝宝感觉舒服就行。

当心宝宝误食异物

1. 清理小物品。妈妈要特别注意宝宝爬行的地面上是否掉有小物品，如扣子、大头针、曲别针、豆粒、硬币等，一定要先清理干净再让宝宝过来玩。

2. 当心水果核。在吃有核的水果（如枣、山楂、橘子等）时，要特别当心，应先将核取出后再喂食。

3. 检查玩具的零部件。仔细检查宝宝的玩具，看看玩具细小的零部件（如眼睛、小珠子等）有无松动或掉下来的可能。

宝宝误食了异物怎么办

当发现宝宝误食了异物并有些异常时，爸爸妈妈可以一只手捏住宝宝的腮部，另一只手伸进宝宝的嘴里，将东西掏出来。

如果宝宝吞食了异物，但是没有什么异常的表现，只要不是带尖的物品，父母就不必过于惊慌。像围棋子、硬币、纽扣、戒指、小珠子等物品大多会原样随着大便排出来，但排出的时间不尽相同，快的需要一天，慢的可能需要两三天。

如果宝宝呼吸急促、翻白眼或发出哮鸣声，就需要赶紧用手抓住宝宝的小脚，把宝宝倒提起来，拍他的背部，或者在宝宝背后和心口窝的下面，用双手往心口窝方向用力挤压（注意手法不能过猛、过硬），这样就有可能让宝宝将吞下去的东西吐出来。

如果上面的措施都没有效果，应立即送往医院急救。

若异物从鼻孔进入发生堵塞时，最好不要自行在家里取，应该立即请医生处理。

让宝宝更聪明的认知训练

大动作能力训练

能力特点

在这一阶段，宝宝的运动能力已经有了一定的基础，在扶立时能保持片刻，且背部、髋部、腿部均能伸直；能抓住栏杆从坐位站起，也能从坐位主动地躺下变为卧位，而不再被动地倒下。

训练要点

妈妈应加强宝宝从独自站立到行走的训练。扶着宝宝的腋下让他练习站立，或让他扶着栏杆等站立，可以锻炼宝宝腿部肌肉的力量，为以后独自站立和行走打下基础。

精细动作能力训练

能力特点

此时的宝宝已能用拇、食指夹小球或线头，能主动地放下或扔掉手中的物品，而不是被动地松手；手眼协调能力也有很大提高，能够伸手拿到喜欢的东西，能将小物体放进大盒子里再倒出来；基本完成了本能地抓握→有意识地满把抓握→拇、食指及拇、食、中指的协调抓握→抓放可逆→双手协调的发展过程。

训练要点

在这一阶段，可训练宝宝有意识地将手中的玩具或其他物品放在指定地点，使手、眼、脑进一步协调；训练宝宝将小的物品放入大的容器中，比如把积木放入盒子里；让宝宝用两只手将地上的圆柱体滚筒（可用饮料瓶代替）推到指定地点，建立圆柱体能滚动的概念。

语言能力训练

能力特点

此时，有的宝宝能不时发出清晰的"妈""爸"等单音，还能不断发出不清晰的"妈妈""爸爸""奶奶""打打"等喃喃复音，但他们仍然不会用语言准确表达自己的意思。当有要求时，他们会利用身体语言和父母交流，同时发出父母可能听不明白的音。

训练要点

父母尽量用清晰标准的发音与宝宝交流，让宝宝看到你的口形，能在引导下使用有意义的单词，叫"爸爸""妈妈"之类的称呼，说一些简单的动词，如"走""坐""站"等。在引导宝宝模仿发音后，引导他主动发出单个汉字的辅音。要教宝宝把动作和相应的词联系起来，如大人边说"再见"边向宝宝摆手等。

知觉能力训练

能力特点

在视觉、听觉方面，宝宝的视线能够随移动的物体移动，寻找掉下的玩具，能确定声音发出的方向，同时感觉出距离。

训练要点

爸爸妈妈可以通过触摸宝宝的眼睛、鼻子、嘴巴、耳朵和头发，对宝宝进行五官认知的训练，提高宝宝认知能力，促进手眼协调发展，使宝宝同时接受触觉、听觉和视觉的刺激，发展宝宝的感知觉。爸爸妈妈可以带宝宝看人群、汽车、蓝天、青草等，在促进视听能力发展的同时培养观察能力。

情绪与社交能力训练

能力特点

宝宝在这个时期看见妈妈拿奶瓶时，会主动等着妈妈来喂自己；会在家人面前表演，受到表扬和赞美时会重复表演；喜欢玩捉迷藏、拍手等游戏。

训练要点

在这个时期，爸爸妈妈要多带宝宝出去接触大自然，培养宝宝欣赏大自然的兴趣；增加家庭益智游戏项目，让宝宝参与其中；开始训练宝宝的生活自理能力和社交能力。

逻辑思维能力训练

能力特点

宝宝对事物有了一定的观察能力和分析能力，也开始学着对大小物品进行分类和对比，了解不同物体的构造与特征。

训练要点

将父母的物品和宝宝的物品，比如衣服、袜子、鞋子、枕头及水果之类大小分明的东西并排放在一起，反复对宝宝说："这是大的，这是小的。小的排在前边，大的排在后边。"通过游戏，让宝宝分辨大小，认识事物的不同。

亲子游戏

身体游戏

投篮游戏 🔍

游戏目的 训练宝宝的注意力和手眼协调能力。

准备用具 纸篓，以及不怕摔的玩具，如棋子、扣子等。

参与人数 2人。

游戏玩法

1. 妈妈准备一个纸篓，然后将不怕摔的玩具（如棋子、扣子等）放在宝宝身边。
2. 引导宝宝向纸篓中投掷玩具，开始时纸篓可放近些，然后逐渐拉远。
3. 投掷后，妈妈帮宝宝拿回玩具，并指出所扔物品的名字。如果是动物玩具，可学学动物的动作或叫声。

语言游戏

大头顶小头 🔍

游戏目的 丰富宝宝的语言信息，为以后的语言表达打下词汇基础。

准备用具 无。

参与人数 2人。

游戏玩法

1. 宝宝坐在床上，妈妈边唱歌边用头轻轻顶宝宝的小额头，"顶啊顶，顶小牛，我们宝宝是小牛""圆小头，硬硬的，妈妈顶不过""宝宝的头小又圆，宝宝的头发黑又软"。
2. 让宝宝模仿妈妈念儿歌，然后说"谁是小牛牛？宝宝是小牛牛"，看看宝宝有没有回应。

数学能力游戏

第三个 🔍

游戏目的 让宝宝对数字有初步的认识。

准备用具 宝宝喜欢的三个同类小玩具，如三个彩色的小铃铛或三块积木。

参与人数 2人。

游戏玩法

❶ 与宝宝相对坐在地板上，妈妈将两个彩色铃铛分别放在宝宝的左右手上，边放边说："左边手上放一个，右边手上放一个，宝宝有两个小铃铛啊。"

❷ 如果宝宝能够好好抓住这两个铃铛，妈妈就拿起第三个，告诉宝宝"这是第三个彩铃铛"，然后给宝宝拿着。开始时他会用已经抓有玩具的手去抓取，妈妈要教他先放下一只手中的彩色铃铛，再去拿第三个彩铃。反复和宝宝做这个游戏，不断强调"这是第三个彩色铃铛"。

知觉能力游戏

认识金鱼缸 🔍

游戏目的 帮助宝宝感受生命，提高自然感知能力。

准备用具 浴缸、金鱼。

参与人数 2人。

游戏玩法

❶ 妈妈抱着宝宝到鱼缸前，告诉宝宝："这是鱼缸。"

❷ 指着里面正在游动的金鱼告诉宝宝："鱼缸里面有金鱼在游泳。"

❸ 拿起宝宝的小手，让宝宝触摸鱼缸，并转到金鱼停留的位置，让宝宝轻拍鱼缸，然后告诉宝宝："宝宝看，金鱼被宝宝吓跑啦！"

温馨提示

鱼缸是家中常见的装饰品，也是帮助宝宝认识自然的好材料。此外，家中养的花草、小鸟等也可以作为认识自然的好材料。

9 个月宝宝生长发育记录

项目	您的宝宝	男（均值）	女（均值）
体重（千克）		8.9	8.2
身长（厘米）		72.0	70.1
头围（厘米）		45.0	43.8
胸围（厘米）		45.2	44.0
出牙情况（颗）		4~6（上4，下2）	

宝宝的特点

- 宝宝能够认识一些图片上的物品，可以从一堆图片中找出他熟悉的几张。

- 宝宝开始用手和膝盖爬行，动作比较流畅。

- 宝宝能扶着物体站起来，站起来后还会自己蹲下，少数宝宝会扶着家具或墙壁走动。

- 宝宝能拿着奶瓶喝奶，奶瓶掉了还会自己捡起来。

- 与大人玩捉迷藏游戏时，宝宝会主动参与。

第10章

9~10个月
的宝宝

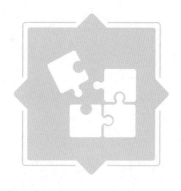

身心特点

体重没有明显增加，光长身长了

从现在起，宝宝进入一个更加成熟的阶段。由于体重增加不明显，而身长继续增长，因此较原先胖乎乎的模样看上去有些瘦削。宝宝每天反复进行爬行、站立等活动，使得肌肉更加结实，渐渐地显出幼儿身材的模样。只要成长过程顺利，就没有必要老是担心宝宝吃得太少而采取强制喂食的方法。

一刻都闲不住

宝宝只要睡醒了，就一刻也闲不住，会不停地活动身体。有时会坐下来，发育较快的宝宝还能抓住身边的椅子站起身。如果宝宝喜欢站起来，妈妈就可以拉住宝宝的双手，让宝宝踩着自己的脚背练习走路。

形成了坚实的肌肉和苗条的身材

在这个时期，宝宝的体重没有明显的变化，但胖嘟嘟的身体逐渐变得苗条，而且形成一定的身体曲线。在这个时期，宝宝能站起来，而且会不停地爬行，活动量明显增加。坚实的肌肉和苗条的身材表示宝宝即将从婴儿变成幼儿。

能够正确表达自己的意思

宝宝有了自己的主见，一旦感到不如意的话，就会又哭又闹。例如，宝宝想要让别人抱，要是没能达到目的，就会坐在地上蹬着脚哭闹。如果自己不喜欢或不愿意，宝宝就会闭上眼睛不予理睬。宝宝不仅能听懂"不行"这样的话，还会观察别人的脸色。如果是自己感兴趣的事情，还能表达"再来一次"的意思。妈妈说话的时候，宝宝虽然不能回答，但会做出相应的反应。

记忆力增强，能听懂自己的名字了

从这个时期开始，宝宝就能听懂自己的名字了。宝宝打过针以后，只要看到穿白色大衣的医生，就会产生抵抗的情绪，并通过挣扎、哭闹的方式表达自己的意思。如果看不到妈妈，宝宝就会感到恐惧，找到妈妈后一刻都不肯让妈妈离开。不仅如此，随着记忆力的增强，宝宝还会经常寻找自己玩过的玩具。

开始探索身边的事物

宝宝十分关注东西扔出去后产生的现象和东西晃动时发出的声音，并开始探索这样做与那样做有什么不同。因此，有时候宝宝把东西扔掉后，会表现出高兴的样子。如果频繁制止的话，有可能使宝宝丧失好奇心和探索欲望。不过，一味听之任之的话，也有可能伤害到周围的其他人。所以，要在充分满足宝宝好奇心和探索欲望的同时，经常给宝宝讲解为什么不能那样做的道理。

要多对宝宝啰唆

宝宝不仅能把声音和动作协调起来，还能发出类似一句话那样长长的声音。对别人说的话，宝宝能够做出极为敏感的反应。为了引起别人的注意，宝宝还会发出近乎喊叫的声音。在这个时期，带着宝宝外出散步或看画册的时候，要尽量多跟宝宝讲话，因为妈妈越啰唆，宝宝就越能提早学会说话。

喂养要点

辅食很重要

给吃母乳的宝宝添加辅食时常常会遇到困难，因为宝宝总是恋着妈妈的奶。10 个月的宝宝吃母乳大多不是因为饿，而是因为吃母乳对他来说是在和妈妈撒娇。即使这时母乳比较充足，也不能完全供给宝宝每日营养所需，必须添加辅食，让辅食成为宝宝的主食。当然，这并不意味着这个月就要断母乳了，要掌握好母乳喂养的时间，一般是早起、临睡、半夜醒来时喂母乳，这样宝宝就不会白天总是要吃母乳，也不会影响辅食的添加。

温馨提示

给孩子吃的食物要热透

给孩子吃的食物要新鲜、卫生，不要为图方便给孩子吃隔夜食物，如果一定要吃，必须把食物热透后再吃，剩下的一律扔掉。存放食品时，不要等食品彻底冷却后再放入冰箱，而应马上盖好食品放到冷藏室或冷冻室里，这样可以缩短细菌繁殖的时间。

宝宝腹泻的饮食护理

1. 腹泻宝宝需要补充更多的营养，妈妈应坚持按照少食多餐、由少到多、由稀到稠的原则来给宝宝安排饮食。

2. 腹泻时，最需要注意的是脱水症状，可以自制糖盐水、盐米汤、盐稀饭，及时地给宝宝补充水分和盐分。母乳喂养的宝宝，可以酌情减少补充量。断奶期的腹泻宝宝如果不想吃辅食，也可以暂时停止，等到腹泻平息后再逐渐恢复到生病前的饮食，而且要观察大便的情况。

3. 腹泻期间，宜食清淡、易消化的食物，如面片汤、米粥、胡萝卜汤、苹果泥等。乳制品、橘子汁或油分多的饼干，会导致粪便稀软，使得宝宝腹泻不止，因此最好不要吃。

如何刺激宝宝的食欲

1. 为了刺激宝宝的食欲，妈妈要积极变换食物的搭配方案，将食物做成可爱有趣又方便宝宝入口的形状，还可以改变宝宝餐具的颜色，选择形状可爱的饭碗、小勺、小叉等。

2.不要在宝宝生病或犯困时硬喂食物，规定好用餐时间，吃每一餐的时间最好不要超过30分钟，过了吃饭时间要立马收拾饭桌，促进宝宝养成良好的饮食习惯。

3.爸爸妈妈要注意合理喂养，不要宝宝一哭闹就喂奶来哄，而不管宝宝是不是肚子饿；宝宝若是吃饱了，一定不要再强迫多喂几口；不要在宝宝干别的事情时喂饭，而不顾宝宝是不是愿意吃。

4.妈妈可以让宝宝学着自己吃，即使宝宝把食物撒得到处都是也不要斥责，要给宝宝自我学习的时间和机会，营造温馨的进餐环境。

适合吃香蕉硬度的食物

在这个时期，宝宝虽然长出不少牙齿，但咀嚼吞食还是有点困难。这一时期适宜的辅食硬度是用牙床能捣碎的硬度，或用手指能压碎的香蕉硬度。要避免喂坚硬的辅食和零食，宝宝不咀嚼直接吞咽有引起窒息的危险，要特别注意。

尝试喂黏稠度高的粥

在这个时期，可以给宝宝喂黏稠度达到倾斜勺子也不会滴落程度的粥，也就是将大米和水以1：3的比例做成的粥。大人吃的大米饭不适合喂给宝宝。

可以喂软和的饭菜，但不要加调料

在这个时期，宝宝的咀嚼功能已经比较发达了，可以吃一般的饭菜，但不能直接喂大人吃的咸、辣的菜。做菜时，可以在加调料前先盛一部分出来，单独给宝宝食用。

宝宝要避免接触的食物

爸爸妈妈在为宝宝准备辅食时，一般要回避以下几类食物。

蔬菜类： 牛蒡、藕等不易消化的蔬菜。

辛辣调味料： 芥末、胡椒粉、姜、大蒜和咖喱粉等。

某些鱼类和贝类： 乌贼、章鱼、鲍鱼，以及用调料煮的鱼贝类小菜、干鱿鱼等。

其他： 巧克力、奶油软点心、软黏糖类，以及其他人工着色的食物、粉末状果汁等。

护理要点

怎样看待宝宝咬人

　　这个阶段的宝宝，乳牙已经长出来了，喜欢咬一些固体食物来磨牙，也可能会咬物或咬人。有时，宝宝不论高兴还是生气，都会在妈妈的胳膊、肩膀或腿上咬上一口，越让他松口，他越是咬住不放，咬得妈妈特别痛。

　　如果你家的宝宝也有这种情况，需先将宝宝拉开，然后用语言告诉宝宝这样不对，千万不能粗暴地推开宝宝，更不能大声斥责，可经常给宝宝吃一些固体食物，以磨牙和锻炼咀嚼能力。随着月龄的增长，宝宝会逐渐改变这种行为，情绪也会渐趋稳定。

温馨提示

选择玩具的要点

　　1.尽可能选择能让宝宝手脑并用的益智玩具，尽量不选择只有娱乐性，仅能满足宝宝玩耍需要或者只能哄宝宝不哭不闹的玩具。

　　2.选择玩具时必须照顾宝宝的兴趣。无论多么有趣的益智玩具，如果宝宝不喜欢也是徒劳。

用各种玩具开发宝宝的智力

　　在这个时期，应该尽可能多地给宝宝准备能够帮助其锻炼手部和全身活动功能、培养记忆力的玩具。

　　一般情况下，可以选择需要自己操作的玩具，比如能够用嘴吹的喇叭、口琴，能够敲打的鼓，能抛的球，能推的汽车，等等。

　　但是，不能把所有的玩具一股脑儿地给宝宝。如果一下子拥有很多玩具，宝宝就会不懂得珍惜，而且比较善变。因此，每次最多给宝宝2~3个玩具。

警惕这些情况

进食困难

宝宝厌食、挑食，"祸首"多半是自己的父母，喂养方法不当、饮食结构不合理、进食不定时、生活无规律、经常在吃饭的同时纠正宝宝的问题或给宝宝吃过多零食等，都会影响宝宝的胃口和消化能力，久而久之造成宝宝不愿进食。还有一种情况就是宝宝有可能缺锌，缺锌会造成味觉不敏感，导致食欲缺乏，可以去医院为宝宝查一下微量元素水平。

孤独和自闭倾向

交往环境单调，缺少必要的语言环境和情感沟通，容易造成宝宝出现孤独和自闭倾向，主要的表现是目光呆滞、没有自发语言、活动少、听不懂简单的指令、很少笑等。

多动

与孤独倾向相反，照顾和关爱过多，容易使宝宝没有自由独处的时间，过多依赖外界的指令，一旦进入不熟悉的环境，缺乏足够的照顾，宝宝就会六神无主，不能安静下来，只得用杂乱、失控的动作来满足内心应对陌生环境的需求。

让宝宝多亲近水

1. 在夏天，当宝宝出现烦躁不安的表现时，完全可以将玩水作为调节的方法。发现宝宝要闹情绪或者热得不太舒服时，可以随时在卫生间接一大盆温水，放入宝宝喜欢的玩具，然后将宝宝放进盆里玩耍。

2. 在不适合随时下水的日子里，妈妈可以准备一大块防水地垫，在盆中放入清水和鲜艳的玩具，也可以放入几条小金鱼，再给宝宝一个捞网，宝宝自己就能兴致勃勃地玩起来。只要房间里不太凉，妈妈就不必怕宝宝弄湿衣服而制止宝宝过大的动作，毕竟玩得尽兴最重要。

3. 闲暇时，带着宝宝到婴幼儿游泳馆去游泳吧，这是个满足宝宝天性、维护宝宝健康的好方法。怕水的妈妈要为了宝宝克服困难，不要因为自己而让宝宝失去了尽情玩水的快乐。

让宝宝更聪明的
认知训练

大动作能力训练

能力特点

在这个月，宝宝能够坐得很稳，能够由平卧坐起而后再躺下；能够灵活地前后爬行，爬行时四肢已能伸直；能够用手掌支撑地面独立站起来；能扶着床栏站着并沿床栏行走。

训练要点

宝宝从会站到会走的时间，个体差异很大，因此家长不要将动作发育的指标看得太重，也不要拿自己的宝宝与别的宝宝比较。刚开始时，爸爸妈妈可用双手支撑在宝宝的腋下，让其练习站立。当宝宝具备了独站、扶走的能力后，就可引导宝宝迈步走了。

精细动作能力训练

能力特点

10 个月的宝宝，五指已能分工、配合，会抱娃娃、拍娃娃，模仿能力也明显加强。双手会灵活地敲积木，会把一块积木搭在另一块积木上，会拿起瓶盖盖到瓶子上。

训练要点

让宝宝的手指做一些比较精细的活动，如摆弄智力玩具、拨动算盘、做手指操等。为宝宝选择玩具时，要选择能够培养宝宝动手能力的玩具，比如积木、橡皮泥或能拆能拼的玩具，那些高级自动化玩具反而不够好，不利于动手能力的培养。

语言能力训练

🔆 能力特点

10个月的宝宝，在语言上会模仿爸爸妈妈发出1~2个字音，如"宝宝""妈妈""拿""走"等；能说由2~3个字组成的一句话，但说得含糊不清；开始能说出一些大人难懂的话。当妈妈说"欢迎""再见"时，宝宝会配合做相应的动作。

🔆 训练要点

爸爸妈妈要训练宝宝懂得"给我""拿来""放下""打开"等动作指令的含义，以及"苹果""饼干""衣服"等食品和用品的意思，要反复训练宝宝在日常生活中使用"再见"等礼貌用语。

知觉能力训练

🔆 能力特点

10个月大的宝宝，已经知道常见的人及物的名称，会用眼睛注视说到的人或物，会认真地观察爸爸妈妈的行为，听到"爸爸在哪"或"妈妈在哪"时，能准确地转头去找。

宝宝能懂字义，而不仅仅是字音，比如在活动中，如果爸爸妈妈说"不行"，宝宝能停下来；会表演一两个动作，比如爸爸妈妈说"欢迎欢迎"时，宝宝会拍手鼓掌，说"再见"时，宝宝会挥手。

🔆 训练要点

训练宝宝的听觉能力，定期给宝宝放一些他非常喜欢的儿童乐曲，提高宝宝对音乐、歌曲的理解力及听觉辨识力。培养宝宝的触觉能力，比如在开饭时，拿着他的手指轻轻摸一下面条或粥等热食，然后马上拿开说"烫"，宝宝就知道什么是烫了。

情绪与社交能力训练

🔆 能力特点

这个月，宝宝在心理上的需求丰富了许多，喜欢听到表扬和赞许。需要注意的是，宝宝有时会故意把玩具扔掉，把报纸撕破，或者把抽屉里的东西都扔出来，每干完一件事就高兴一阵子，若是不让他干或让他干不想干的事，他就会大哭大闹，甚至打起滚来，这就是不良个性的雏形，爸爸妈妈要注意进行纠正，否则宝宝不知不觉就会养成坏习惯，慢慢地会骄横、任性起来。

🔆 训练要点

在疼爱宝宝的同时，必须让宝宝学会自制、忍耐，不行就是不行，不能做的就是不能做。可以给宝宝一些其他的玩具，以转移注意力，还可以训练宝宝模仿妈妈的样子照顾娃娃，让宝宝学会关心别人。

亲子游戏

精细动作能力游戏

钩取小物品 🔍

游戏目的 充分发挥宝宝手指的功能，锻炼手指的灵活度。

准备用具 找一块不用的旧布和一小块棉花，将棉花包在布块里，在布块上挖一个小洞。

参与人数 2人。

游戏玩法

1. 在宝宝的注视下，妈妈先把小指伸进小洞钩出一点棉花，用夸张的语气告诉宝宝："呀，钩出来了，多好玩！"

2. 妈妈鼓励宝宝用手指深入洞内钩取棉花，宝宝会很好奇地在小洞里面探索，当他钩出棉花时要给予鼓励和夸奖。

语言游戏

宝宝学购物 🔍

游戏目的 激发宝宝的好奇心，丰富宝宝的词汇储备，提高宝宝的语言表达能力。

准备用具 无。

参与人数 2人。

游戏玩法

带着宝宝去杂货店，挑选宝宝感兴趣的东西介绍给他，如玩具车、篮球等。

数学能力游戏

堆积木 🔍

游戏目的 能够培养宝宝的动手能力、解决问题能力和空间概念。

准备用具 积木（也可以选大小不同的盒子或铁罐3~4个）。

参与人数 2人。

游戏玩法

① 先由妈妈给宝宝示范，堆出木塔，然后推倒，再让宝宝重新堆。

② 宝宝失败了也不用急着帮忙，应该让宝宝努力独自完成。如果宝宝难以完成，就可以引导宝宝，说："哎哟，为什么它会倒下去呢？把这个大木块放到小木块下面会怎么样呢？还不行吗？那就把其他木块放在最下面吧！"妈妈应该向宝宝说明失败的理由，培养宝宝独自寻找解决方法的能力。

知觉能力游戏

趴着找图 🔍

游戏目的 提高宝宝的位置判断能力。

准备用具 大一些的包装盒，小猫、老虎、大象等动物图片。

参与人数 2人。

游戏玩法

① 妈妈将大一些的包装盒的六面分别贴上动物图片。

② 引导宝宝来看盒子上的图片，比如对宝宝说："宝宝来找找大象在哪里？"

③ 宝宝会翻动盒子找大象，当宝宝找到后，妈妈要鼓励一下宝宝。

④ 引导宝宝去找其他动物，如老虎、小猫等。

温馨提示

几次训练后，宝宝会逐渐记住盒子上几个图片的位置，当妈妈让宝宝去找某个动物时，宝宝很快就会找到。通过这个游戏，不仅能让宝宝认识新事物，记住每个动物的名称，还能帮助宝宝辨识方位，拓展宝宝的空间能力。

10 个月宝宝生长发育记录

项目	您的宝宝	男（均值）	女（均值）
体重（千克）		9.2	8.5
身长（厘米）		73.3	71.5
头围（厘米）		45.4	44.2
胸围（厘米）		45.4	44.2
出牙情况（颗）		4~8（下牙2~4，上牙2~4）	

宝宝的特点

- 宝宝扶物站立时，能用一只手扶物，再弯下身子用另一只手捡起地上的玩具。

- 宝宝会自己捧着杯子喝水，会手脚并用地爬行了。

- 对其他的宝宝比较敏感，如果看到父母抱其他宝宝就会哭。

- 宝宝已经知道了若干物品的名称。

第11章

10~11个月
的宝宝

身心特点

能够独自站立

到了这个时期，宝宝不仅能够熟练地爬行，能扶着沙发或桌子站起来，抓住沙发或桌子独自横向移动几步，还能放开抓住的沙发或桌子，独自站立一小会儿，尽管晃动几下身子后马上就会坐在地上，但是反复进行这样的练习，宝宝就会产生独自站立的自信心，而且敢于自己迈开步子了。运动功能发育快的宝宝，从此时起已经能够自己走上一两步了。

手指的活动能力更加成熟

宝宝眼和手的协调能力提高，手臂的活动更加熟练，已经能够自己吃东西了。宝宝的活动更加频繁，用手抓东西的能力更加成熟，能够把抓在手里的东西扔掉、打开桌子的抽屉等。手指的活动与大脑的发育有着很大的关系，因此平时要经常跟宝宝一起做些用到手指的游戏。

灵活自如

宝宝虽然还不能熟练地行走，但是身子已经能够活动自如，对于周边的东西，能够很轻易地靠近去触摸和观察，能够转身，能够四处活动，失去平衡时能够用手抓住身边的东西，不会轻易跌倒，还能够独自坐上较长的时间。身子能够自如活动，意味着即使离开妈妈的怀抱，宝宝也能自己学到很多本领了。

抓住椅子开始学习走路

宝宝已经度过了抓着椅子站起身的阶段，进入学习走路的初期准备阶段。每个宝宝学会走路的时间各不相同。一般情况下，宝宝10个月~1岁4个月学会走路都属于正常情况。

在这个时期，宝宝的头部比较重，不能保持身体的平衡，又比较好动，所以妈妈要好好保护宝宝，但不要生硬地干预宝宝的行为，否则宝宝很容易摔倒。

能够蹒跚行走

在这个时期，宝宝十分好动，几乎一刻也不能安静，总想抓住什么东西站起来。一旦站起来，宝宝就开始慢慢地想移动步子。经常爬行的宝宝，腿和腰的力量比较强，迈步时也比较稳。要是不经过爬行就站立起来的话，腿的力量会相对较弱，行走时会歪歪扭扭的。

能指出身体的各部位

在这个时期，宝宝能听懂自己的名字，而且能叫出自己的名字。如果对宝宝说"给我"，宝宝就会把手中的玩具递给妈妈。如果喊"眼睛""鼻子""头"，宝宝还能指出相应的部位。在这个时期，宝宝不愿意跟陌生人玩，也不愿意离开妈妈，有些宝宝还会觉得害羞。很多时候，宝宝会通过生气、哭闹等方式来表达自己的主张，如果愿望得不到满足，就会固执地纠缠。

温馨提示

断奶期间，有些事情爸爸可以做

断奶过程中，家里的长辈可能会建议妈妈与宝宝分开几天，但其实没有必要。别忘了，爸爸可以代替妈妈做一些事情，分散宝宝的注意力。例如，爸爸可以代替妈妈给宝宝喂配方奶、辅食，妈妈只需要暂时避开一下。如果宝宝很乐意爸爸喂食，在宝宝吃饱后，爸爸还可以哄着宝宝学习如何穿脱衣服，给宝宝洗澡，带宝宝到户外学走路，接触更多的人和事物，跟宝宝做一些游戏。渐渐地，宝宝养成了新的兴趣和生活习惯，断奶也就非常自然了。

喂养要点

宝宝热量需求变化不大

这个月，宝宝所需的热量仍然是每千克体重95千卡左右，蛋白质、脂肪、糖、矿物质及维生素需求的量和比例没有大的变化。

父母不要认为宝宝又长了一个月，饭量就应该明显增加了，这容易导致父母总是认为宝宝吃得少，从而使劲喂宝宝。父母要学会科学喂养宝宝，而不能填鸭式喂养。

断母乳时机的选择

断母乳时最好选择自然断奶法，逐步减少喂母乳的时间和量，代之以配方奶和辅食，直到完全停止母乳喂养。断奶最好选择在气候适宜的春秋季节进行，避免在炎热的夏季进行。另外，在宝宝生病时，不要立即断母乳。

断奶进行时

宝宝11个月大时应该开始断奶了，妈妈要减少母乳喂哺的次数，或干脆断掉母乳。如果这个月不及时给宝宝断母乳，容易影响宝宝的食欲。可以让宝宝和大人一样在早、中、晚按时进食，并养成在固定的时间内吃饼干、水果的习惯。在宝宝吃完辅食之后可喂些配方奶，一次200毫升左右，每天的总奶量应为500~600毫升。宝宝获取营养的重心从奶转换为普通食物，应让宝宝品尝到各种食物的滋味，做到营养均衡，使宝宝的饮食中含有足够的蛋白质、维生素C和钙等营养素。此外，不能给宝宝吃不易消化、过甜、过咸或辛辣刺激的食物。

一日三餐要有不同的食物

第11个月，宝宝如果已经适应了按时吃饭，那么现在是正式进入一日三餐按点吃饭的好时机。从这时起，就要把辅食作为宝宝的主食，每次吃的量也可逐渐增多，并且每次要吃两种以上的食物。

宝宝在这个月一日三餐吃的食物应不相同，这样既能让宝宝保持新鲜感，又能让宝宝充分摄取所需的各种营养物质。辅食的食材也可以一次性处理好后放入密闭容器中保存在冷冻室或冷藏室内，需要时再拿出来加热使用。

宝宝的饮食呈现个性化倾向

这个时期，宝宝表现出饮食个性化的倾向：有的宝宝能吃一儿童碗的饭，有的宝宝只能吃半碗，有的宝宝就能吃几勺；有的宝宝很爱吃肉，有的宝宝喜欢吃水果和蔬菜；有的宝宝不再爱吃半流食，只爱吃固体食物，有的宝宝吃水果还是需要妈妈用勺刮或捣碎，但需要把水果榨成果汁才能吃的情况几乎没有了。

这些都是宝宝的正常表现，父母要尊重宝宝的个性，不要强迫宝宝必须按某种方式进食。

宝宝上火了这样调养

1. 多喝白开水对宝宝祛火很有帮助，特别是夏季天气炎热的时候，可以让宝宝多喝一些有清热作用的饮品，如绿豆汤、百合汤等。

2. 烤羊肉串、炸鸡、薯片、巧克力、奶油等容易上火的食品，尽量不给宝宝吃。夏天还应少吃桂圆、荔枝等热性水果。

3. 食物中应尽量避免使用辛辣的调味品，如姜、葱、辣椒等。

多给宝宝吃对眼睛有益的食物

营养素	功效	食物
蛋白质	蛋白质是组成人体组织的主要成分，能促进眼部组织的修复和更新	瘦肉、禽肉、动物内脏、鱼、虾、奶类、蛋类等都含有丰富的动物性蛋白质
		豆类中含有丰富的植物性蛋白质
维生素A（胡萝卜素）	维生素A能提高眼睛对弱光的适应能力，增强对黑暗环境的适应能力；能消除眼睛的疲劳，防治夜盲症、干眼症和黄斑变性	各种动物的肝脏、鱼肝油、奶类、蛋类
		绿色、红色、黄色的蔬菜，如胡萝卜、菠菜、韭菜、青椒、卷心菜等
		橙黄色的水果，如橘子、哈密瓜、芒果等
维生素C	维生素C是眼球晶状体的成分之一，如果宝宝缺乏的话，很容易导致晶状体浑浊，并可能导致宝宝患白内障	鲜枣、芹菜、卷心菜、菜花、萝卜、柑橘、橙子、草莓、山楂、苹果等
钙	有助于消除眼肌紧张	豆类及其制品、奶类
		水产品，如鱼、虾、海带、墨鱼等
		干果类，如花生、核桃、莲子等
		菌类，如香菇、蘑菇、黑木耳等
		绿叶蔬菜，如菠菜、青菜、小白菜、芹菜、香菜、油菜等

护理要点

帮助宝宝学步的 10 条建议

1. 多做蹬腿的动作，可以锻炼宝宝腿部的伸展能力。

2. 多做仰卧起坐运动，可以锻炼宝宝的肌力。

3. 多爬行，可以锻炼宝宝腿部肌肉的力量。

4. 让宝宝抓拿玩具，攀攀爬爬。

5. 多在可以扶走的环境里活动。

6. 练习放手站立。

7. 蹲在宝宝的前方，展开双臂或用玩具鼓励宝宝过来。

8. 多吃含钙的食物，以保证宝宝骨骼的发育，为学步打下基础。

9. 宝宝摔倒时，要多安慰和鼓励，让宝宝有安全感。

10. 多给宝宝自由活动的机会，鼓励他四处走走，进行探索。

宝宝出水痘怎么办

1. 从出痘到全部变成疮痂之前，要尽量让宝宝休息。

2. 发疹会很痒，宝宝会去抓，记得将宝宝的指甲剪短，并告诉宝宝不要去抓。如果宝宝太小，可以给他戴上手套。

3. 勤换衣服，保持皮肤清洁卫生，防止继发细菌感染。

4. 宝宝如果食欲不佳，应该准备无刺激性、容易消化的食物。

5. 增加柑橘类水果和果汁，并在宝宝的食物中增加麦芽和豆类食品，以减轻宝宝的水痘病症。

6. 别让宝宝吃温热、辛辣、刺激性强的食物，如姜、蒜、韭菜、洋葱、芥菜、荔枝、桂圆、羊肉、海虾、海鱼、酸菜、醋等，也不要让宝宝吃过甜、过咸、油腻的食物及温热的补品。

对宝宝要温柔

宝宝一般比较敏感，如果妈妈性子过急，或宝宝受到周围人的刺激，就可能经常发脾气。另外，假如周围的大人老是逗宝宝，或大声喧哗，也可能成为宝宝发脾气的原因，因此全体家庭成员都需要注意。妈妈应该对性子急、溺爱等问题加以纠正，对宝宝要温柔，要每天有规律地带宝宝到户外玩耍，让宝宝通过做体操等运动充分活动。

纠正宝宝吸吮手指的行为

1. 对已养成吸吮手指习惯的宝宝，应弄清原因。如果属于喂养不当，首先应纠正错误的喂养方法，克服不良喂哺习惯，使宝宝能规律进食，定时定量，饥饱有节。

2. 要耐心、冷静地纠正宝宝吸吮手指的行为。切忌采用嘲笑、恐吓、打骂、训斥宝宝等简单粗暴的方法，否则不仅毫无效果，而且一有机会，宝宝就会更想吸吮手指。

3. 最好的方法是满足宝宝的需求。除了满足宝宝的生理需求，如吃、喝、睡眠之外，还要给宝宝一些有趣味的玩具，让他们可以更多地玩乐，分散对固有习惯的注意，保持愉快的情绪，得到心理上的满足。

4. 从小养成良好的卫生习惯，不要让宝宝以吸吮手指为乐。要耐心告诫宝宝，吸吮手指是不卫生的。

宝宝说话较晚怎么办

即使宝宝到了第11个月还不说话，也不用过于担心，只要宝宝能够理解、听懂别人的话，他早晚都会说话，只是起步比别人稍微晚一点儿而已。在这个时期，较晚学会说话的宝宝也能按照妈妈的指示行动，而且能用各种肢体语言回应妈妈。为了刺激宝宝说话的欲望，父母应该经常跟宝宝说话，并对宝宝进行仔细的观察。

如果叫名字宝宝也不回头，或者宝宝不喜欢玩能够发出声音的玩具，那父母就应带宝宝去医院检查，看宝宝的耳朵是否存在异常。

让宝宝更聪明的认知训练

大动作能力训练

🦴 能力特点

到 11 个月大时，宝宝能够稳稳地坐较长的时间，能自由地爬到想去的地方，能扶着东西站得很稳。

🦴 训练要点

当宝宝能够单手，最好是双手离开支撑物，蹲下捡起玩具还能顺利地再站起来，并且能够保持身体平衡时，就说明已经到了宝宝学走路的最佳时期。妈妈可以离开宝宝一段距离，用玩具吸引宝宝迈步；可以让宝宝扶着东西，或让其他人拉着一只手，一点点地挪动脚步。慢慢地，当宝宝确定没有危险后，就会大胆地把重量都放在双脚上，开始独立迈出第一步。

精细动作能力训练

🦴 能力特点

拇指和食指能协调地拿起小的东西，能把手中的积木放在桌上或杯中，动作更加灵活自如了。宝宝还会用手去抠小物体、拿杯子、打开抽屉、搭积木、翻书等。

🦴 训练要点

10～11 月大的宝宝，要想成功地用拇指和食指捏取小物体并非易事，还要经过几个月的锻炼和发展才能有这个能力。爸爸妈妈要尽可能地为宝宝提供他感兴趣的东西，凡是那些没有危险性的东西，都可以让宝宝摆弄摆弄。

语言能力训练

🦴 能力特点

11 个月大的宝宝，语言能力可能会有突飞猛进的发展，能有意识地发出单字的音，可以含含糊糊地讲话了，听上去像在交谈似的，并能有意识地表达一个特定的意思，如"要"表示要什么东西等。

💡 训练要点

要想让宝宝说更多的话，爸爸妈妈还要下工夫鼓励宝宝说话，要尽可能地同他说简短的话，并要结合宝宝认识的亲人、身体部位、食物、玩具，配合日常生活中的动作教给宝宝。培养宝宝语言能力的时候，还要注意让宝宝学会回答。当爸爸妈妈叫宝宝名字的时候，宝宝会转头去看是谁在叫自己，这时爸爸妈妈要帮助宝宝回答"哎"。如果能经常这样训练，那么再有人叫他的名字时，他就能回答了。

视觉能力训练

💡 能力特点

这一阶段是宝宝视觉的色彩期，宝宝能准确地分辨红、绿、黄、蓝四种颜色。宝宝除了睡着后，其他时间都在积极地运用视觉器官观察周围环境，但视觉器官运动还不够协调、灵活，绝大多数时间处于远视状态。

💡 训练要点

爸爸妈妈可以利用宝宝最喜欢的某种玩具，与宝宝玩"捉迷藏"的游戏，通过不停变换玩具位置的方式，训练宝宝迅速改变视觉方位的能力，提高左右眼的灵活性。

知觉能力训练

💡 能力特点

宝宝会把放到他手中的东西一次又一次地扔到地上，从中得到极大的满足和快感，同时他也在借机试探别人的反应。宝宝会通过敲打来了解不同的物体，这是一种探索行为。

💡 训练要点

如果宝宝爱扔东西，家长不要帮他拾起来，否则他会扔得更高兴，最好的办法是将宝宝放到干净的地板上玩，让他自己扔，自己捡。宝宝喜欢敲打东西，爸爸妈妈可以给他准备一些玩具锤子、玩具小铁锅、纸盒之类的东西，让他尽情敲打。

情绪与社交能力训练

💡 能力特点

宝宝能意识到他的行为能使爸爸妈妈高兴或不安，能很清楚地表达自己的情感，并且这个时候的宝宝已经有了初步的自我意识，已经会因妈妈抱了其他小朋友而不高兴了。

💡 训练要点

爸爸妈妈要在生活习惯和行为准则上，促进宝宝向良好的方向发展，让宝宝拿玩具和小朋友们一起玩，在相互交换和分享玩具的过程中，学习如何与伙伴交往。

亲子游戏

精细动作能力游戏

纸巾筒放球 | 🔍

游戏目的 促进宝宝手部精细动作的发展，提高宝宝的手眼协调能力，同时训练宝宝的语言理解能力。

准备用具 圆形纸巾筒（上面抽取处为圆形）、弹力球或直径2厘米左右的铃铛。

参与人数 2人。

游戏玩法

将纸巾筒放在宝宝面前，妈妈示范将弹力球或铃铛从上面的圆孔放入纸巾筒，边放边说"放下"。妈妈可先握着宝宝的小手做几次，直到宝宝可以独立完成动作。

语言游戏

给奶奶打电话 | 🔍

游戏目的 让宝宝熟悉简单的常用语句，提高宝宝与人交流的能力。

准备用具 玩具电话或家里的电话机。

参与人数 2人。

游戏玩法

1. 妈妈拿着电话在宝宝跟前演示，"喂，奶奶，您好，宝宝想您了"，然后将电话放在宝宝耳朵边，教宝宝跟奶奶说话，妈妈说一句让宝宝模仿一句。

2. 爷爷奶奶等亲人打来电话时，让宝宝来尝试交流，并教宝宝使用礼貌用语。

知觉能力游戏

看图识字 🔍

游戏目的 锻炼宝宝视觉分辨和认物的能力，培养宝宝对文字的敏感度，激发宝宝识字的兴趣。

准备用具 纸、笔、曲别针或现成的识字卡片。

参与人数 2人。

游戏玩法

1. 爸爸取出一张大纸写上"鼻"字，在字的下面再用曲别针别上画好的鼻子图片。爸爸先指着图说"鼻子"，然后指自己的鼻子，再指字，说"鼻子"，让宝宝认真看。

2. 重复多次之后，宝宝懂得了图和字都是"鼻子"的意思，当爸爸再指图或字时，宝宝就会指自己的鼻子，然后去取图。用同样的方法，还可以教宝宝学习"眼""耳""口"等字。

数学能力游戏

上下认知 🔍

游戏目的 提高宝宝空间方位认知能力。

准备用具 无。

参与人数 2人。

游戏玩法

1. 妈妈双手托住宝宝腋下，向上举起时口中念"上"，向下落下时口中念"下"。

2. 可用儿歌教宝宝辨识上下方位。

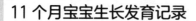

11 个月宝宝生长发育记录

项目	您的宝宝	男（均值）	女（均值）
体重（千克）		9.4	8.7
身长（厘米）		74.5	72.8
头围（厘米）		45.8	44.6
胸围（厘米）		45.9	44.9
出牙情况（颗）		6~8	

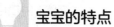

宝宝的特点

- 给宝宝看了画着苹果的卡片后，再让他吃苹果时，就会表现得比较激动。

- 宝宝能将杯盖准确地放在杯子上了。

- 宝宝能理解大人说的话了，并能用不同的动作来回应。

- 宝宝学会辨识事物的特质了，比如知道"喵"是指小猫，看到鸟会用手向上指，等等。

- 宝宝喜欢模仿大人的动作及其他宝宝的动作，如拍娃娃睡觉等。

第12章

11～12个月
的宝宝

身心特点

开始学习走路

宝宝能熟练地爬行，平稳地坐下来，而且能够抓住身边的东西站起来，有些宝宝还能摇摇晃晃地走几步。不同的宝宝会有很明显的差异，有些宝宝出生后10个月就能走路，而有些宝宝20个月以后才学会走路。但是，学会走路的早晚与整体发育的快慢没有直接联系，因此即使宝宝走路较晚，也不用过于担心。对于想走路的宝宝，妈妈应该给予帮助和奖励，可以抓住宝宝的手，让宝宝踩着妈妈的脚背，慢慢地学习走路。

通过观察宝宝学习走路的样子，可以预测宝宝的性格。性子慢的宝宝，开始走路时也比较慢，不容易摔倒；性格急躁的宝宝，走路比较快，经常容易摔倒；胆子小的宝宝，往往刚迈出一步就会跌坐在地上。在身体的发育过程中，训练是很重要的，因此爸爸妈妈要和宝宝一起多练习走路。另外，到了这个时候，宝宝往上爬的动作已经非常熟练，爸爸妈妈必须小心看护，以免发生宝宝跌下来的事故。

囟门开始闭合

观察刚刚出生的宝宝头部，可以发现宝宝每次呼吸都会引起鼓动，鼓动的位置就是囟门，也就是头骨与头骨之间的缝隙。经过一定的时间，缝隙会渐渐变窄合拢。刚刚出生时，囟门都是开着的，随着宝宝的成长，4~6个月时渐渐扩大，在周岁前后开始慢慢闭合，14~18个月时完全被头骨覆盖而消失。

睡眠逐渐有了规律

在这个时期，宝宝晚上和白天的睡眠时间有了一定的规律，妈妈能够稍微轻松一些了。有的宝宝上午和下午各睡1次，有的宝宝白天不睡觉或只睡1次。虽然每个宝宝的情况各有不同，但是晚上和白天睡眠时间的总和一般在14~16小时。要是宝宝晚上不大喜欢睡觉或睡得比较晚，应该检查白天的睡眠时间是否过多过长。白天活动量大的话，晚上就比较容易睡着，而且睡眠时间也会延长。

能认识家里人

宝宝不仅能够认出爸爸妈妈，还能认出爷爷奶奶等经常见到的人，这是因为记忆能力有了相当大的发展。有的宝宝还能认出两三天以前见过的人。宝宝喜欢与别人一起玩，也会寻找自己想见到的人。有时候，宝宝见到爸爸去上班，还会哭着要跟爸爸一起去。

能明白"不行"的意思

在这个时期，宝宝的感情逐渐丰富，智力也提升得很快，因此只要遇到不喜欢的事情就会生气。不仅如此，宝宝还能够区分赞扬和批评，能听懂"不行"的意思。

在这个时期，宝宝可以通过各种肢体语言正确地表达自己的想法。宝宝会经常模仿爸爸妈妈，拿起电话听筒自言自语，还喜欢乱拨电话号码。

另外，宝宝开始喜欢跟同龄的小朋友一起玩耍，虽然还不能正常地交流，但总想通过自己的方式跟小朋友建立一定的关系。

开始产生独立性

到了这个时候，宝宝逐渐开始产生独立性，虽然在某些方面还依赖妈妈，但是有时也会出现不要妈妈抱的情况。宝宝热衷于独自一人玩的时间越来越多，愿意自己吃东西或走路。宝宝认生的情况逐渐减少，见到同龄的宝宝会伸出手去，还会含糊不清地说话，做出愿意交往的表现，不过家长要注意还不能让宝宝离开自己的视线。

喂养要点

宝宝的营养需求

　　12 个月大的宝宝，每日每千克体重所需热量为 95 千卡，蛋白质、脂肪、碳水化合物、矿物质、维生素、微量元素、纤维素的需求量和比例与前一个月差不多。

　　蛋白质的来源主要是辅食中的蛋、肉、鱼、虾、豆制品和奶类，脂肪的来源主要是肉、奶、油，碳水化合物主要来源于谷类，维生素主要来源于蔬菜和水果，纤维素来源于蔬菜，矿物质来源于各种食物。

食物尽量做得细软

　　12 个月大的宝宝，基本上可以和大人吃一样的食物，但食物要做得更碎、更软一些，以便于宝宝消化。

　　宝宝每日的膳食中应含有蛋白质、碳水化合物、脂肪、维生素、矿物质和水等营养素，应避免食物种类单一，注意营养均衡。

　　这个月龄的宝宝可以吃的主食有软米饭、粥、面条、面包、花卷、饺子、包子等，副食有各种应季蔬菜、蛋、鱼、肉、豆制品、海带、紫菜等。除三餐外，早、晚要各喝一次配方奶，保证每日总奶量为 400~600 毫升。

避开容易引起宝宝过敏的食物

　　这个月，可以喂给宝宝的食物越来越多，但仍有很多不能喂的食物，比如 1 岁前不要喂蜂蜜和牛奶，否则容易引发过敏反应，特别是过敏体质的宝宝。干果类有可能引起窒息，1 岁前不宜喂食。

挑食的宝宝注意补充均衡的营养

　　不爱吃肉、蛋的宝宝，可以多吃些奶类来补充蛋白质。

　　不爱喝奶的宝宝，可以多吃些肉、蛋和豆制品来补充蛋白质。

　　不爱吃蔬菜的宝宝，应该多吃些水果来补充维生素。

给宝宝喂豆浆有哪些禁忌

喝过多的豆浆容易引起蛋白质消化不良，使宝宝出现腹胀、腹泻等不适症状。

未经充分煮沸的豆浆中含有皂素，宝宝肠胃娇嫩，饮用后会引起恶心、呕吐等中毒症状。

该给宝宝断奶了

很多妈妈准备在宝宝1岁以后就断掉母乳，所以从现在开始，就应有意减少母乳的喂哺次数。如果宝宝不主动喝，就尽量不给宝宝喂奶了。

宝宝如果到了1岁还断不了奶，就可以逐渐减少母乳喂养次数，再过几个月，便能顺利断掉母乳。宝宝到了离乳期，就会有一种自然倾向，不再喜欢吃母乳了。有些母乳少的妈妈可以不用吃回奶药，宝宝不吃了，乳汁自然就没有了，母乳比较多的妈妈需要吃回奶药。

在不影响宝宝对其他饮食的摄取，也不影响宝宝睡眠的前提下，如果妈妈还有奶水，母乳喂养可以延续到1岁半。

断奶并不意味着不喝奶

断奶并不意味着不喝奶了。配方奶是宝宝补钙和补充蛋白质的重要食物，所以配方奶要继续喝，即使已经过渡到正常饮食，这个月的宝宝还应该每天喝400~600毫升的配方奶。

多吃能促进宝宝大脑发育的食物

木耳： 含有脂肪、蛋白质、多糖类、矿物质和维生素等营养成分，是宝宝补脑、健脑的佳品。

鲜鱼： 含丰富的钙、蛋白质和不饱和脂肪酸，能分解胆固醇，使脑血管通畅，是宝宝的健脑食物。

蛋黄： 含有卵磷脂等脑细胞所必需的营养物质，宝宝多食能给大脑带来活力。

香蕉： 含有丰富的矿物质，尤其是钾，宝宝常食有很好的健脑作用。

核桃： 含有钙、蛋白质和胡萝卜素等多种营养素，宝宝经常食用，有健脑益智的功效。

杏： 含丰富的胡萝卜素和维生素C，宝宝多吃能改善血液循环，保证大脑供血充分，增强记忆力。

卷心菜： 含丰富的维生素B族，宝宝多吃能很好地预防大脑疲劳。

海带： 富含人体必需的矿物质，如磷、镁、钠、钾、钙、碘、铁、硅、钴等，还含有牛磺酸，能有效保护宝宝的视力和促进大脑发育。

大豆： 含有卵磷脂和丰富的蛋白质，宝宝每天吃一定的大豆或大豆制品，能增强记忆力。

护理要点

鼓励宝宝迈出第一步

宝宝开始蹒跚学步是可喜的事情，爸爸妈妈要鼓励宝宝大胆尝试。

蹒跚练习

宝宝在开始迈步的时候，往往会步态蹒跚，向前倾，跌跌撞撞地扑向妈妈，收不住脚。这时，妈妈要耐心地帮助宝宝练习，让宝宝大胆地走。慢慢地，宝宝就会越走越稳了。

移动重心

先让宝宝靠墙站好，妈妈后退两步，伸开双手并鼓励他："宝宝走过来，到妈妈这里来。"当宝宝第一次迈步时，妈妈需向前迎一下，避免宝宝摔倒，然后再进行第二次、第三次……慢慢地，宝宝就会在两腿交替向前迈步时移动重心了，也就会走路了。

创造条件让宝宝练习走路

宝宝刚开始独立行走时，爸爸妈妈要随时调整作为扶持物的家具、栏杆间的距离，慢慢延长宝宝行走的时间。当宝宝能够大胆迈步后，可以用小皮球或能发出声响的拖拉玩具等吸引宝宝多走，还可以通过设置障碍物等方式来提高宝宝的平衡和协调能力，让宝宝走得更好、更稳。

给宝宝穿便于走路和活动的衣服

由于宝宝的活动非常频繁，所以要穿便于活动的衣服。周岁前后，宝宝与大人穿得差不多就行了。宝宝活动量大容易出汗，因此要经常更换内衣，保持清洁。宝宝的成长速度比较快，所以在挑选衣服时，往往要选择尺码大一些的衣服。如果袖子或裤腿太长，可以挽起来，以便宝宝活动时不受影响。

别忘了给宝宝穿袜子

给宝宝穿袜子有益健康，理由有三：

1.保持体温。宝宝的体温调节功能尚未发

育成熟，当环境温度略低时，摸宝宝的脚就会感觉凉凉的，如果给他穿上袜子，就能起到一定的保暖作用，避免着凉。

2. 避免外伤。随着月龄的增长，宝宝下肢的活动能力会增强很多，常会乱动乱蹬。这样一来，损伤皮肤、脚趾的机会也就增多了，而穿上袜子可以减少这类损伤的发生。

3. 清洁卫生。宝宝皮肤接触外界的机会多了，一些脏东西可通过宝宝娇嫩的皮肤侵入体内，增加感染机会，穿上袜子能起到保护皮肤清洁的作用，还能防止蚊虫叮咬。

纠正含着奶嘴睡觉的习惯

含着奶嘴睡觉的习惯非常有害，很容易导致乳牙出现龋病，甚至提前脱落。没有牙齿支撑，幼儿的颌骨发育会受到影响，进而影响恒牙的正常萌出，因此在这个时期应予以纠正。

妈妈可以试着转移宝宝的注意力，陪着宝宝入睡，抓着宝宝的小手，给他唱唱童谣，让宝宝有安全感，慢慢摆脱对奶嘴的依赖。纠正不良习惯需要一个过程，当孩子有进步时，应及时表扬，如果一时改不了，也不要吓唬、处罚宝宝，否则不仅"欲速则不达"，还会对宝宝的心理造成负面影响。

给宝宝看简单而有益的画册

跟爸爸妈妈一起看画册，不仅可以培养宝宝观察东西的兴趣，而且能够提高宝宝的语言能力。在这个时期，宝宝还不能理解过于复杂的内容，因此最好给宝宝看简单而有益的画册。如果宝宝对自己认识的东西感兴趣，爸爸妈妈就应该重复介绍对应事物的名称。

"小狗在这里哟！""宝宝要去哪里呢？""好想坐车去那里啊！"用简单的句子讲故事，宝宝会更容易理解画册中的内容。

让宝宝更聪明的认知训练

大动作能力训练

能力特点

11~12个月大的宝宝，坐着时能自由地转动身体，能独自站立，能一只手扶着栏杆走，能推着小车向前走。动作能力发育快的宝宝不但会站，还能摇摇摆摆地走。宝宝学会走路的平均年龄是1岁1个月。

训练要点

引导宝宝站立、坐下，通过踩影子等游戏来训练宝宝的独自行走、身体平衡能力，通过投球等游戏来锻炼宝宝的肌肉力量。

精细动作能力训练

能力特点

宝宝能用手捏起扣子、花生米等小东西，能拉开抽屉、打开门，会打开瓶盖、剥开糖纸，会不熟练地用杯子喝水。

训练要点

在宝宝能够有意识地将物品放下后，训练宝宝将手中的物品投入小的容器中。妈妈可以在桌上给宝宝摆上多种玩具，如小球、积木、小勺、小碗、水瓶等，让宝宝用积木搭高，用水瓶喝水，用拇、食指捏起小球，将小勺放在小碗里"准备吃饭"，通过多种训练让宝宝的手指活动更灵活；可以给宝宝提供大开本彩图读物，将书摊开放在宝宝的双腿上，让宝宝自己翻，虽然宝宝还不能准确地一页一页翻，但已经有翻书的意识了。

语言能力训练

💡 能力特点

宝宝喜欢嘟嘟囔囔地说话，听上去像在与他人交谈；喜欢模仿动物的叫声，如小狗"汪汪"、小猫"喵喵"等；能把语言和表情结合起来，对于自己不想要的东西，会一边摇头一边说"不"。

💡 训练要点

宝宝有了表达自己的欲望，但想说又不会说，爸爸妈妈可以抓住这个机会，帮宝宝把他想说的话说出来，让宝宝听到他想说的内容该怎样表达。通过描述事物的颜色、形状、大小等，可以提升宝宝的认知能力。爸爸妈妈要对宝宝的行为和情绪保持敏感，要和宝宝互动，抓住和保持宝宝的注意力，让宝宝学会语言表达，如果发现宝宝的发音错误，要帮助宝宝纠正，而不要模仿、强化宝宝的错误发音。

知觉能力训练

💡 能力特点

1周岁的宝宝，已经开始对一些细小的事物产生兴趣，能够区别简单的几何图形，能够较准确地判断并看向声源的方向，开始学习发音，能听懂几个字，包括对家庭成员的称呼，逐渐可以根据大人说话的声调来调节控制自己的行动。

💡 训练要点

在日常生活中，爸爸妈妈要不断引导宝宝观察事物，扩大宝宝的视野，还可以培养宝宝对图片、文字的注意力和兴趣。爸爸妈妈要培养宝宝的听觉能力，积极地为宝宝创造语言环境，让宝宝听到更多的对话；可以用语言逗引宝宝活动和玩玩具，观察周围人的交谈，给宝宝唱儿歌，和宝宝对话等。

情绪与社交能力训练

💡 能力特点

宝宝喜欢的活动很多，好奇心也逐渐增强，喜欢把房间里的各个角落都了解清楚。为了宝宝的心理健康发展，爸爸妈妈要尽量满足他的好奇心，培养他的探索精神，千万不要阻止宝宝，以免伤害宝宝的自尊心和自信心。

💡 训练要点

爸爸妈妈要鼓励宝宝多和小朋友一起玩耍，或者带宝宝参加一些合适的成人社交活动，多和爸爸妈妈以外的成人接触，安排好宝宝的活动和休息时间，使宝宝有规律地生活，不受过多拘束，从而经常处于快乐的状态，使其心理得以正常地发展。

亲子游戏

身体游戏

独走训练 🔍

游戏目的 让宝宝从被牵着走过渡到自己走。

准备用具 小棍子。

参与人数 1～2人。

游戏玩法

❶ 妈妈让宝宝扶着自己手中小棍子的另一端行走。

❷ 宝宝能熟练地扶着小棍子走以后，妈妈适时放开小棍子，让宝宝自己行走。

❸ 安全起见，可让宝宝在爸爸和妈妈之间来回走动，然后逐渐拉大距离，使宝宝独立行走的距离越来越长。

观察和语言能力游戏

六面画盒 🔍

游戏目的 通过训练，提高宝宝小手做精细动作的能力和对六面体的认识，培养宝宝的观察能力和语言理解能力。

准备用具 找一个方便宝宝拿取的六面体小纸盒，在六个面贴上不同的动物图片。

参与人数 2人。

游戏玩法

❶ 妈妈问"小狗呢"，宝宝就会拿着纸盒来回转，直到找到小狗的图片为止。

❷ 如果宝宝找不着，妈妈可以提醒几次。

知觉能力游戏

画直线 🔍

游戏目的 训练手指活动的灵活性，激发宝宝的兴趣，提高宝宝对事物的认知能力。

准备用具 纸、笔。

参与人数 2人。

游戏玩法

❶ 妈妈先在纸上画一个红色气球，然后对宝宝说："哎，这个气球怎么没有线啊，宝宝来画条线好不好？"

❷ 在妈妈的帮助下，宝宝为纸上的气球添条竖线。

❸ 宝宝可能不能很标准地在气球下方画竖线，但此时妈妈可以做引导训练，比如当孩子画出线条时应表扬宝宝，"看，宝宝画的毛毛虫""看，宝宝画的小树叶"，这样可以提高宝宝的自信心和成就感，让宝宝更喜欢做这个游戏。

语言能力游戏

跟着做 🔍

游戏目的 让宝宝听指令做动作，提高宝宝的语言理解能力，并锻炼宝宝的语言节奏感。

准备用具 无。

参与人数 2～3人。

游戏玩法

❶ 妈妈和宝宝相对而坐，妈妈边做动作边念儿歌，"请你跟我这样做，我就跟你这样做，小手指一指，眼睛在哪里？眼睛在这里（用手指眼睛）。请你跟我这样做，我就跟你这样做，小手指一指，鼻子在哪里？鼻子在这里（用手指鼻子）"，让宝宝跟着做同样的动作，依次认识五官。

❷ 妈妈对爸爸说"请你跟我伸伸手"，边说边做伸手的动作，爸爸接着说"我就跟你伸伸手"，边说边做伸手的动作，然后让宝宝参与进来，可以先让爸爸带着宝宝一起做，然后慢慢地让宝宝单独做。

专题 7~12个月宝宝的成长印记

检查日期:_____年____月____日
体重:____千克 **身长:**____厘米

1. **宝宝是否一天吃 3 次辅食?** □ 是 □ 否

   10~12 个月大的宝宝每天应吃 3 次辅食、1 次加餐,同时继续喂母乳。若为非母乳喂养,每天的奶量应在 500 毫升左右。

2. **宝宝吃饭的地方是否固定?** □ 是 □ 否

   应养成宝宝定时定点进餐的习惯,边吃饭边玩耍或进食时间不固定,容易造成宝宝厌食或消化不良。

3. **您的宝宝出几颗牙了?** _____颗(在相应的出牙位置涂上颜色)

   随着宝宝牙齿的萌出和进食种类的不断增加,保护宝宝的牙齿、预防龋齿发生等就变得越发重要了。在宝宝 1 岁左右时,就可以开始教他含一口水,练习鼓腮漱口;应注意控制食物中的糖分,吃甜食后应及时漱口或喝少量白开水;适当吃一些粗粮;如遇冬季或进食情况不太理想时,应在医生指导下补充钙剂和维生素 D 制剂,提高牙齿本身的抗龋能力。

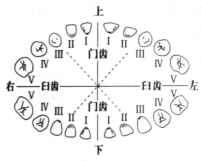

4. 您感觉自己的宝宝有斜视吗？ □ 有　　　　□ 没有

5. 您的宝宝能扶着栏杆走吗？ □ 能（＿个月）　　□ 不能

6. 您的宝宝会用拇指和食指捏东西吗？ □ 会（＿个月）　　□ 不会

7. 您的宝宝能有意识地叫爸爸、妈妈吗？ □ 能（＿个月）　　□ 不能

8. 您的宝宝能在看电视和听音乐时扭动身体吗？ □ 能　　　　□ 不能

注意：宝宝满 1 岁时，要到卫生保健部门进行健康检查哟。

在这 6 个月中，您在育儿方面有哪些心得，请记录下来：

1 岁宝宝生长发育记录

项目	您的宝宝	男（均值）	女（均值）
体重（千克）		9.6	8.9
身长（厘米）		75.7	74.0
头围（厘米）		46.1	44.9
胸围（厘米）		46.1	45.0
出牙情况（颗）		6~8	

宝宝的特点

- 宝宝能在没有任何依靠的情况下站立，并在短时间内保持平衡。大人牵着一只手时，宝宝能移动双腿向前走。

- 宝宝能一次性将书翻 2~3 页，还会把瓶盖打开又盖上。

- 宝宝已经认识了身体的各个部位，如手、脚、眼、鼻等。

- 宝宝喜欢拿着笔，学着大人的样子在纸上涂鸦。

- 宝宝知道具体的事物是什么，在哪里。例如，当妈妈问他"洋娃娃在哪里"时，他会用手指向洋娃娃来表明他认识这个事物。

第13章

1岁1个月~
1岁3个月的宝宝

身心特点

这时期的宝宝是"探索家",喜欢以新奇的方式探索物体的特征,并且熟练地加以分类。宝宝的精神头越来越足,对世界充满了求知欲,什么都要摸一摸、抓一抓。如果让宝宝去追喜欢的皮球玩具,他会特别开心,笑得合不拢嘴。

逐渐变瘦,身材变得苗条

在这个时期,原先胖乎乎的宝宝因吃奶而长出的肉逐渐消退,形体趋于匀称,脸型也略微见长,胸围尺寸超过头围尺寸。由于身体的发育,宝宝手臂和腿部变长,形成苗条的身材,体重达到出生时的 3 倍左右,身长则达到1.5 倍左右,颅骨增大的速度加快,囟门闭合,体重增长减缓。随着抵抗力的提高,湿疹或接触性皮炎等皮肤病也会远离宝宝柔软的皮肤。

可以独立行走了

宝宝到了 1 岁左右,可以自如爬行,可以站立片刻,发育快一些的宝宝还可以独立走几步,虽然走得还歪歪斜斜的;手眼活动从不协调到协调,可以自如地自己吃饼干,五指从不分工到有较为灵活的分工,可以用食指和拇指对捏糖块;精细动作获得发展,如可以独自抱着奶瓶喝奶、打开瓶盖、把圈圈套在棍子上等。

开始坚持自己的主张

从一周岁开始,大部分宝宝都能走路了,因此会离开妈妈的保护,让自己的足迹遍布屋里的各个角落,视野也逐渐变得开阔。学会走路,标志着宝宝向"独立"迈出了第一步。在这个时期,宝宝已经不再是会老实听从妈妈安排的宝宝了。宝宝逐渐认识到自己的存在,懂得了自己和周围环境的区别,开始坚持自己的主张。

开始学说话

宝宝能听懂妈妈的话，可以听懂常用物品的名称，开始学说话，能用简单的语言和表情表达自己的意图，如用"汪汪"代表小狗等，也能说一些简单的句子了。

有明显的依恋情结

宝宝害怕陌生人和怪模样的物体，害怕未曾经历过的情况；有明显的依恋情结，喜欢跟妈妈的"脚"，妈妈去哪里，他就跟着去哪里；喜欢与成年人交往，知道父母是高兴还是生气，会设法引起父母的注意，如主动讨好父母或者故意淘气等。

有了最初的自我意识

宝宝和小朋友有了以物品为中心的简单交往，但这还不是真正意义上的交往；有了最初的自我意识，可以把自己和物品区分开，可以意识到自己的力量；有了最初的独立性，会拒绝父母的帮助，愿意自己动手，而且可以做些简单的事情。

温馨提示

面对爱模仿的孩子，父母怎么做

所谓身教重于言传，就是利用孩子善于观察和模仿的特点培养其良好行为。所以，父母应多鼓励孩子去模仿，并放慢自己的动作，满足孩子模仿的需要。

如果孩子有说脏话、模仿别人的口头禅等表现，不应该一味指责和制止，应该告诉孩子不能模仿的原因。如果孩子模仿的是父母曾经说过的话、做过的事，那么父母就要反思一下自己的行为举止。

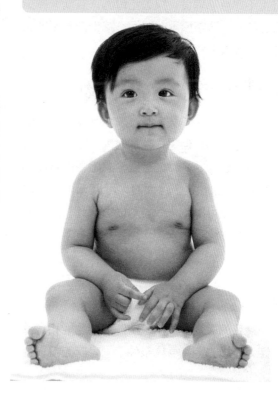

喂养要点

减少母乳的喂养量

1岁以后的宝宝也可以喂母乳，但最好在不影响辅食的基础上作为补充食物来喂。如果宝宝不愿意吃辅食，只想吃母乳，应渐渐减少母乳的量，调整授乳的时间，减少白天授乳次数，一天喂1~2次奶就可以了。

挑选味淡而不甜的食物

1岁的宝宝可以吃稀饭，也可以吃大人吃的大部分食物，但是在喂的时候，应选择味淡而不甜的食物，并做成宝宝容易咀嚼的软度和大小。宝宝到16个月大时，可以无异常地消化软饭，还可以吃米饭，对以饭、汤、菜组成的大人食物比较感兴趣，但还不能直接吃大人吃的食物。

无须严格遵守饭量标准

宝宝的饭量要根据宝宝的消化功能和食欲来定。不同的宝宝身体条件不同，吃的零食量也不固定，所以有的时候吃得多，有的时候吃得少，妈妈们没必要太遵守饭量标准。若是宝宝吃饱了，千万不要追着宝宝喂饭，或者喂太多零食。

均衡摄取五大营养素

1~2岁是宝宝体重和身高增长的重要时机。在这一阶段，宝宝的骨骼和消化器官会快速发育，因此要注意通过饮食，让宝宝充分摄取碳水化合物、蛋白质、矿物质、维生素、脂肪这五大营养素，保持营养均衡。原则上，主食是碳水化合物、蛋白质、矿物质的摄入源，零食是维生素和脂肪的摄入源。

碳水化合物	大米、高粱米、小米、红豆、大麦、荞麦、绿豆粉、玉米、土豆、红薯、麦粉、栗子、粉条、面包等
蛋白质	牛肉、鸡胸肉、猪肉、黄花鱼、鳕鱼、贝肉、蟹肉、虾、鱿鱼、鸡蛋、鹌鹑蛋、豆类及豆制品等

矿物质、维生素	黄瓜、南瓜、萝卜、西蓝花、菜花、圆白菜、胡萝卜、洋葱、油菜、白菜、黄豆芽、香菇、金针菇、茄子、甜椒、韭菜、紫菜、海带、苹果、香蕉、梨、香瓜、西瓜、橘子、哈密瓜、葡萄、菠萝、桃、柠檬、草莓、猕猴桃、番茄等
脂肪	奶粉、牛奶、酸奶、香油、豆油、花生、核桃、芝麻等

一天喂两次零食

零食是宝宝营养摄取不可缺少的一部分，给宝宝喂零食的时间应安排在早餐和午餐间、午餐和晚餐间，共两次。在正餐前 1 小时不要给宝宝吃零食。关于零食的选择，上午可以选容易产生饱腹感的土豆、红薯等，下午可以选择奶制品或水果。甜食最好安排在两餐之间或餐后 1 小时。不要给宝宝吃高热量、高糖、高油脂的零食。

宝宝零食吃什么，吃多少

吃什么样的零食，吃多少零食，应该根据宝宝的现状来决定。一日三餐都能好好吃，体重超过标准的宝宝，尽量只给一些应季的水果吃，其他零食就不要给了。对于只愿吃乳制品，而不愿咀嚼的宝宝，应该给一些苹果片、梨片，或者酥脆饼干吃。饭量小的宝宝，可以通过吃苏打饼干来补充营养。不喜欢吃鱼、肉的宝宝，可以吃含奶油、鸡蛋的食物。

块状食物要切碎后再喂

虽然宝宝能够熟练地咀嚼并吞咽食物，但是块状食物还是不太安全，容易引起宝宝窒息。

给宝宝吃块状食物时，一定要切碎了再喂。例如，水果可以切成 5 毫米以内厚的条，让宝宝拿着吃；像肉一样质韧的食物，应切碎并煮熟后再让宝宝食用；一些滑而容易吞咽的食物，则应捣得碎一些后再给宝宝食用。

直接喂大人的饭菜还为时过早

宝宝 1 岁后的食谱应由饭、汤和菜组成，但不能直接喂大人的食物。宝宝吃的饭应比较软，汤应比较淡，菜应不油腻、不刺激。

单独做宝宝的汤和菜会比较麻烦，可以在做大人的菜时，在调味前留出宝宝吃的量，捣碎后再喂给宝宝，以避免宝宝被呛到。

断奶时宝宝夜啼，怎么办

断奶的最大困难就是宝宝夜啼，妈妈可以根据具体情况采取措施。如果妈妈不再和宝宝一起睡，宝宝哭闹时，其他看护人哄一哄、拍一拍后就能再次入睡，那么这样坚持几天，断奶肯定会成功。如果宝宝醒来，妈妈能通过其他方法避免宝宝哭闹，并让宝宝再次入睡，那么断奶也不成问题。

护理要点

如何预防和应对宝宝鼻出血

1. 由于春季儿童容易发生鼻出血，因此宝宝活动的时候，妈妈要注意看护好，避免鼻外伤。如果宝宝有春季鼻出血史，可以服用金银花、菊花等加以预防，还可以在家中储备金霉素眼膏，每天在鼻腔内均匀地涂抹，以滋润鼻黏膜。

2. 鼻内发痒，宝宝若是用手去挖，也可能导致流鼻血，平时应注意避免宝宝挖鼻子。

3. 一旦发生鼻出血，应让宝宝站起或坐下，头向前倾，捏住宝宝鼻翼上方，把消毒棉或卫生纸塞入鼻孔，然后躺卧，把毛巾用冰水打湿后拧干，冷敷在额头与鼻子间的部位。

父母的关心和赞扬是关键

一般情况下，宝宝的自信心、信任感和积极向上的性格都是在婴儿期形成的，因此父母的态度决定了宝宝的未来。这个阶段的宝宝喜欢做事，不肯闲着，喜欢听表扬。

爸爸妈妈每天要给宝宝展示才能的机会，吩咐宝宝做些小事情，如给妈妈开门、给娃娃洗洗脸等，宝宝每完成一件事情都会很高兴。爸爸妈妈要用"真能干"等句子鼓励宝宝，让宝宝尽情享受成就感带来的喜悦。在宝宝的成长过程中，父母和宝宝之间的交流与互动将发挥非常重要的作用。

但是，爸爸妈妈不能放任宝宝的错误行为。当宝宝犯错误时，爸爸妈妈应该果断制止，且态度始终如一。如果做同样的事情，却得到不同的评价，那么宝宝的是非观就容易混乱。

正确表扬宝宝的要点

1. 及时表扬，趁热打铁。一旦宝宝有好的行为，要及时表扬，宝宝越小越要如此。

2. 表扬的内容应该是宝宝经过努力才能做到的事情。例如，表扬一个6岁的宝宝自己会吃饭，意义甚微，而在1岁多宝宝学走路的过程中，给予"宝宝会迈步了，真棒"这样的表扬，就比较有针对性。

3. 要夸具体，夸细节。不要总笼统地说"宝宝真棒"，要让宝宝知道自己为什么得到了表扬，哪些方面做对了，好在哪里，宝宝才能从中受到启发。

4. 表扬的时候不要许诺一些做不到的事情。否则，久而久之，宝宝就会不信任爸爸妈妈，对爸爸妈妈的表扬不会很珍惜。

容易出现的"断奶综合征"

什么是"断奶综合征"

强制断奶后，如果喂养不当，宝宝身体上会出现不良反应，比如体内蛋白质缺乏，兴奋性提高，容易哭闹，哭声细弱无力，有时还伴有腹泻等症状。精神上的不安加上蛋白质摄入不足，会让宝宝消瘦、抵抗力下降，容易发热、感冒。这些不良反应，我们称之为"断奶综合征"。

怎样预防"断奶综合征"

有一些妈妈会用一些强制性措施进行断奶，比如在乳头上抹辣椒油、涂紫药水、贴胶布，或者突然离开宝宝，躲到娘家或朋友家。虽然这些手段看似很有效率，但是这些做法会让宝宝身心俱伤，因为这样断母乳，对宝宝来说，不但是不让他吃妈妈的奶了，而且会让他有和妈妈分离的感觉，很容易引起不良反应。

有些妈妈习惯用乳头哄宝宝睡觉，这样的方式大多会导致在断奶时遇到困难，因为宝宝已经习惯了晚上吸着妈妈的乳头睡觉，半夜醒来，只要吸几口奶就会很快再次入睡，一旦断奶，宝宝夜间醒来就会哭闹。所以，如果妈妈刚计划断奶，可以尝试着在宝宝夜里醒来时不喂母乳，而是用配方奶喂宝宝，这样会为成功断奶打下基础。

让宝宝更聪明的认知训练

大动作能力训练

🔔 能力特点

宝宝1岁之后，能用脚尖行走数步，脚跟可不着地，能手扶楼梯栏杆熟练地上三级以上的台阶。到1岁3个月时，宝宝基本能独自行走，而且走得很好，很少因失去平衡而跌倒。由于这个年龄段的宝宝只能维持直立体位，所以虽然宝宝走得快，但跑起来却很僵硬，稍向前倾就会跌倒。

🔔 训练要点

在这个阶段，首先要教宝宝走稳，会起步、停步、转弯、蹲下、站起来、向前走、向后退，以及跑步、上下台阶、走平衡木、原地跳、钻圈、爬攀登架、自己坐在小凳子上、扔球、踢球、随音乐跳舞等，训练身体的平衡力和灵活性，使宝宝的大动作能力进一步发展起来。

精细动作能力训练

🔔 能力特点

1岁以后的宝宝，在日常生活中，能不断模仿成人的示范动作，逐步学会使用物品，如用茶杯喝水、用勺子吃东西、戴帽子、擦鼻涕、洗手等；能配合大人穿衣裤，自己脱鞋袜；能在妈妈的指导下初步尝试握笔，并在纸上画出道道。

🔔 训练要点

在这一阶段，父母可通过游戏、手工制作等鼓励宝宝做力所能及的事，如搭积木、穿珠子、拼图、穿塑料管、捏泥塑等，还要注意训练宝宝拿笔的方法，以及左右手的握、捏等精细动作。

语言能力训练

💡 能力特点

　　1岁之后的宝宝可以理解简单的语句，能理解和执行成人的简单命令；能够重复大人的话语，会说一些别人听不懂的话；经常说的词有20个左右，能理解的词语数量比能说出的要多得多；会给自己看到的物体命名，如用"圆圆"称呼橘子、苹果等形状近似的东西等。宝宝会说简单句，有时语句不完整，有时句子会前后颠倒。接近2岁时，宝宝的话语中开始出现少量的复合句，如"妈妈给我笔""宝宝要画画"等。

💡 训练要点

　　在日常生活中，父母可以通过各种方法引导宝宝学习词语。例如，在马路上看见汽车时，父母可以告诉宝宝"这是小汽车"，通过不断的重复，增强宝宝的理解和记忆能力，最后让宝宝能自己说出这些句子。

知觉能力训练

💡 能力特点

　　宝宝1岁以后，认知能力的发展有了很大的飞跃，记忆能力也有了很大的发展，记忆的内容能够保存很长的时间。宝宝能根据物品的用途来配对了，如能把瓶盖盖在瓶子上等。爸爸妈妈要根据宝宝认知能力的发展，进行合理的培养训练。

💡 训练要点

　　此时，宝宝对一些图画非常感兴趣，能用手指指自己喜欢的画，能在柜子里找东西，色彩鲜艳的玩具能引起他们的注意，但是注意力还不集中。他们喜欢探索新环境，发现新物品，更喜欢到室外活动。所以，父母平时要经常带宝宝到户外活动，接触新鲜事物。

情绪与社交能力训练

💡 能力特点

　　一般来说，1岁以内的宝宝，社交圈子只限于父母等亲人，所以表现非常活跃。但是，一旦到了陌生环境，宝宝就变得非常拘谨，甚至胆怯，这是因为宝宝对外部环境缺乏足够的认知和心理准备。所以，爸爸妈妈应尽量给宝宝创造机会，适当地引导，以提高宝宝适应陌生环境的能力和基本的社交能力。

💡 训练要点

　　如果家里来了客人，除了教给宝宝基本的礼节以外，还可以鼓励宝宝和爸爸妈妈一起招待客人，比如让宝宝把茶几上的水果递给客人，并适当地鼓励和表扬宝宝，这样才能激发宝宝的社交欲望。

亲子游戏

能力游戏1

瓶盖配对 🔍

游戏目的 锻炼精细动作、认知能力、逻辑思维。

准备用具 各类瓶子、瓶盖。

参与人数 2人。

游戏玩法

❶ 对于年龄较小的孩子，可以使用大点的瓶子和瓶盖，方便小手抓握，也比较容易对准，还可以防止孩子误吞。妈妈先示范如何把瓶盖盖在瓶子上。

❷ 对于大一点的孩子则可以增加难度，换成小瓶子，并且引导孩子学会拧瓶盖。家长还可以跟孩子比赛，看谁能先将所有的瓶盖都盖上。

能力游戏2

嘴巴在哪里 🔍

游戏目的 锻炼孩子的记忆力。

准备用具 无。

参与人数 2人。

游戏玩法

❶ 妈妈和孩子面对面坐好，让他看着你。

❷ 妈妈说出身体的某一部位，让孩子指出来。例如，妈妈问孩子"妈妈的嘴巴在哪里"，他会用手指向你的嘴巴。也可以让孩子按照你的语言提示，指出自己的身体部位。

能力游戏3

宝宝接球 🔍

游戏目的 提高宝宝的行走能力。

准备用具 小皮球。

参与人数 3人。

游戏玩法

❶ 在宽敞的房间或室外空地上，爸爸妈妈将球往地上投掷，待球弹起来时让宝宝用双手去接。也可让宝宝自己投球，爸爸妈妈来接。

❷ 过一段时间，可根据宝宝的熟练程度加大距离，还可有意识地将球扔向距宝宝有一定距离的左侧或右侧，让他转动身体去接球。

注意要点： 爸爸妈妈第一次扔球时，最好扔到宝宝的肩膀和膝盖之间，过高或过低会增加接球的难度。球的充气量要适中，发球的速度不要太快，以免打痛宝宝。

能力游戏4

模仿小动物 🔍

游戏目的 训练宝宝肢体动作的协调性。

准备用具 无。

参与人数 2人。

游戏玩法

❶ 妈妈做示范动作，让宝宝学小兔子跳：两手放在头两侧，模仿兔子耳朵，双脚并拢向前跳。

❷ 学大象走：身体向前倾，两臂下垂，两手五指相扣，两手左右摇摆模仿大象的鼻子，慢慢向前走。

❸ 学小鸟飞：双臂侧平举，上下摆动，原地小步跑。

注意要点： 这个游戏能让宝宝的身体运动技能得到充分的锻炼，还能让宝宝更快乐，所以要多鼓励宝宝模仿。

1 岁 3 个月宝宝生长发育记录

项目	您的宝宝	男（均值）	女（均值）
体重（千克）		10.3	9.6
身长（厘米）		79.1	77.5
头围（厘米）		46.8	45.7
胸围（厘米）		47.1	45.9
出牙情况（颗）		8~12	

宝宝的特点

多数宝宝已能走得很稳了。

宝宝会说一些简单句，有时会伴有一些复合句。

宝宝会根据物品的用途来配对。

宝宝会爬到沙发或椅子上，然后转过身来自己坐好。

宝宝一旦到了陌生的环境，就会变得非常拘谨，甚至胆怯。

第14章

1岁4个月~
1岁6个月的宝宝

身心特点

这么大的宝宝平衡能力还比较差。在日常生活中，宝宝比较喜欢玩球，可以把球举过头顶或是抛起来。在听到一些节奏鲜明、短小活泼的歌曲或乐曲时，宝宝会随着音乐做拍手、招手、摆手、点头等动作。

用语言表达自己的感情

宝宝满 1 周岁后，话就越来越多，并且能用可爱的语言表达自己的欲望和感情。

此时，宝宝最常说的是"爸爸""妈妈""饭""嗡嗡"等词，对宝宝来说，通过这些词能够表达各种意思。例如，简单的"妈妈"就能表示喊妈妈、想妈妈或者肚子饿的意思。一般情况下，宝宝出生后 15 个月时可以使用 9 个单词，出生后 18 个月时就能使用 22 个词了，出生后 24 个月时能使用的单词急速增加到 300 个左右。

宝宝使用的语言普遍是表达以自我为中心的意思，非常简略、随意，所以在跟宝宝对话时，必须努力理解宝宝的意思，积极听宝宝说的话。但是，千万不能模仿宝宝错误的语言表达，应该用正确的句子纠正宝宝的错误，使宝宝充分理解正确的意思。另外，家长应该对宝宝使用简明而熟悉的语言，同时做相应的肢体动作和表情。在这个时期，宝宝虽然不能准确地表达自己的意思，但却可以听懂妈妈的话，所以要耐心地教宝宝说话，并注意选择适当的词汇和表达方式。

本领多了

此时宝宝能独自走得稳当了，不但能在平地走得很好，而且很喜欢爬台阶。下台阶时，宝宝知道要用一只手扶着栏杆。这样的活动既锻炼了身体，又促进了智力发育，使手脚更协调地活动。这么大的宝宝会用杯子喝水了，但自己还拿不稳，常常把杯子里的水洒得到处都是。吃饭时，宝宝常喜欢自己握匙取菜。

脾气渐长

宝宝在成长的过程中，变化的不仅是外形，脾气也会在不知不觉中有所增长。宝宝不高兴的时候，就会用乱扔东西或其他方式表达他的不服从和不高兴。

宝宝喜欢模仿大人的语气和动作，喜欢和爸爸妈妈玩辨认人体器官的游戏。爸爸妈妈的爱在宝宝的眼中开始变得不如以前那样重要了，而且这种关爱对宝宝来说可能已经转变成一种制约、限制，从而引起宝宝的不耐烦。

1岁后回忆能力增强，表现在延迟模仿上

延迟模仿是相对于低年龄段孩子的直接模仿而言的，指孩子在眼前的事物消失一段时间后才进行的模仿，比如1岁半的孩子在商场看到其他小朋友因为买玩具的事在地上大哭大闹时并没有反应，但是回到家后或者下次遇到同一场景时，可能就会模仿那个孩子在地上打滚哭闹。

喂养要点

主食以一次吃120~180克为宜

停止授乳后，需要通过增加主食来为宝宝提供所需的营养物质，因此不仅一日三餐要规律，量也要增加，一次吃一碗（婴儿用碗）是最理想的。每次吃的量因不同宝宝而异，但若与平均水平有太大差距，应检查宝宝的饮食是否出现了问题。当然，很多时候，比如喝过多的牛奶或还没有完全断奶时，宝宝的食量不会增加。

宝宝较瘦也不要经常喂

宝宝的体重不增加时，不少家长会频繁给宝宝喂食，这是不正确的。随时喂牛奶、水果、面包、蒸土豆等，表面上看是在补充营养，实际上反而会导致宝宝食量减少。

不少人认为，喂零食能补充身体所需的营养，但一两种零食不能像饭菜那样补充多种营养素。若宝宝偏瘦，更应该规定好吃饭和吃零食的时间，避免养成不好好吃饭的坏习惯。

摄食量减少不必太过担心

平时食欲好的宝宝，现在却不愿吃饭，而且随着饭量的减少，体重也不再增加，特别是出生时体重较重的宝宝，容易提前发生这种情况。其实，这一时期出现的食欲缺乏或生长缓慢是骨骼和消化器官发育过程中的自然现象，不必太过担心，但有必要注意一下是不是由错误的饮食习惯引起的。

宝宝吃饭速度过慢怎么办

宝宝吃饭慢是有原因的，比如不愿意吃、食物坚硬、咀嚼需要花较长时间、到处走动不能集中注意力吃饭等，都容易造成宝宝吃饭慢。

当宝宝出现不愿吃或到处走动的情况时，妈妈有必要跟宝宝一起吃饭，帮助他调节吃饭速度。若是宝宝仍不愿意吃饭，就要果断地收拾饭桌，并且在下一顿饭之前不要给他吃任何零食，这样宝宝肚子饿了，吃饭速度自然就会变快。

宝宝一次吃的量很少怎么办

不要勉强宝宝吃太多，一开始就直接给宝宝盛合适的量，然后让宝宝尽量吃完，这样的习惯培养才最有效。

吃光碗里的饭，会让宝宝有成就感，这有助于提高宝宝吃饭的积极性；也可以让宝宝多活动，通过消耗体力来增强宝宝的食欲。

宝宝非要坐在妈妈腿上吃饭怎么办

宝宝想坐在妈妈的腿上吃饭，其实是想跟妈妈撒娇，这时妈妈不要坚决地拒绝他，有必要了解一下宝宝的心思，反思一下自己是否平时缺乏感情表达，是否跟宝宝在一起的时间过短。但是，也不能完全依着宝宝，可以说"等吃完饭妈妈好好抱抱你"来引导他。

宝宝只想吃零食怎么办

宝宝如果经常吃甜味零食，就会觉得饭菜太淡，容易失去食欲。所以，家长要渐渐减少给宝宝喂甜味零食的量，并相应地引导宝宝在饭菜中寻找甜味。爸爸妈妈可以做带甜味的地瓜饭，或用南瓜做菜等，使宝宝对甜味的欲望在饭桌上得到满足。等宝宝不再找甜味零食吃时，饭桌上的甜味就要慢慢减少了。

开始做独立吃饭的练习吧

这个时期的宝宝，自己吃饭的欲望很强，拿起勺子往嘴里放食物的动作也更加熟练。妈妈们不妨鼓励宝宝多练习使用餐具。

💡 用勺子

宝宝到了一定年龄，会喜欢抢勺子。这时候，聪明的妈妈会先给宝宝戴上大围兜，在宝宝坐的椅子下面铺上塑料布，把盛有食物的勺子交到宝宝手上，让他握住勺子，然后妈妈握住宝宝的手，把食物喂到他嘴里。慢慢地，妈妈可以自己拿一把勺子，给宝宝演示盛起食物送到嘴里的过程。最好使用较重的、不易被掀翻的盘子或者底部带吸盘的碗。妈妈需要提前做好心理准备，因为宝宝可能会吃得一片狼藉。

💡 用杯子

最开始的时候，妈妈可以手持奶瓶，并让宝宝试着用手扶住，再逐渐放手。接着，可以逐渐脱离奶瓶，让宝宝在爸爸妈妈的协助下用杯子喝水。宝宝使用的杯子，应该先从鸭嘴式过渡到吸管式，再换成饮水训练式。最好选择厚实、不易碎的吸管杯或双把手水杯。开始时，妈妈可以跟宝宝一起抓住把手，喂宝宝喝水，直到宝宝学会并能随时自己喝水为止。

护理要点

防止烧伤、烫伤宝宝

不要将暖水瓶放在宝宝够得着的地方，也不要放在宝宝经常跑来跑去的桌子旁边。给宝宝放洗澡水，要先放凉水，再放热水。尽量不要让宝宝待在厨房里，因为厨房里的炉火、热油、水瓶、热饭菜都可能伤害到好动的宝宝。

防止宝宝误服药物

家里所有药品的包装上，都应写清楚药名、有效时间、使用量及禁忌证等，以防给宝宝用错药。为了防止宝宝将糖衣药丸当糖豆吃，最好将药物放在柜子里或宝宝够不着的地方收好。有毒药物的外包装还须再加固，使宝宝即使拿到也打不开。

如果宝宝不小心把药丸当成糖果误食，家长要赶紧用手指刺激咽喉，把吃下去的药吐出来，或送到医院及时治疗。

宝宝误食了干燥剂怎么办

现在，很多食品包装袋中都有干燥剂。宝宝不知道这是什么，常常误以为是好吃的东西，拿出来就放在嘴里大嚼特嚼，所以妈妈可千万要注意了。

目前，市面上的食品干燥剂大致有两种：一种是透明的硅胶，误食后不用过于担心，可多喝水，促使其通过粪便排出；另一种是红色的三氧化二铁，具有轻微的刺激性。如果误食的量不是很大，给宝宝多喝水稀释就可以了。但如果宝宝误食得比较多，甚至出现了恶心、呕吐、腹痛、腹泻的症状，可能就是铁中毒了，这时要及时送宝宝就医。如果宝宝误食了有刺激性或腐蚀性的东西，也应先喝水，但要避免因喝得太多引起呕吐而灼伤食道，然后赶快就医。

别让宝宝接触小动物

很多宝宝都喜欢猫、狗等小动物。随着活动能力的增强，有些宝宝会喜欢与小动物一起玩耍。宝宝与小动物玩耍存在很多危险，发生最多的是宝宝被猫、狗等小动物咬伤、抓伤，不排除感染狂犬病的可能。

另外，猫、狗等小动物身上有许多病菌和寄生虫，如沙门氏菌、钩虫、蛲虫等，宝宝常与之接触，很可能会感染。猫、狗等小动物的毛或皮脂腺分泌的皮脂，还可引起宝宝过敏或气喘等疾病。因此，要尽量减少宝宝与猫、狗等小动物的接触。

开始进行大小便的训练

宝宝到1岁半左右，已经能够表达大小便的意思，这时就可以开始培养大小便的习惯了。家长要留心观察宝宝大小便的时间和排便时的样子，以便在发现宝宝有想大小便的迹象时予以帮助。

在相同的时间和场所，由相同的人帮助宝宝大小便，也是培养宝宝良好大小便习惯的方法之一。宝宝大小便时，家长如果给宝宝过多的压力，容易使宝宝产生压迫感，造成多尿、夜尿或便秘等现象。因此，要让宝宝在大小便时保持心情放松。

帮助宝宝学会如厕的方法

1. 为宝宝选择一个合适的坐便器。坐便器安全舒适最重要，款式不要太复杂。市场上流行的玩具坐便器，有的带音乐，有的带各种动物的鸣叫声，但多半不实用，宝宝很容易因此而分心，影响排便。

2. 细心观察宝宝排便的信号。看到宝宝突然脸涨红且不动时，可以问宝宝是不是要小便，然后立刻带宝宝进入厕所，让其坐在坐便器上。

3. 帮宝宝养成良好的排便习惯。大小便时，不要让宝宝玩玩具、吃东西。要特别注意避免宝宝长时间坐在坐便器上，以免导致习惯性便秘。

4. 平时，父母要教宝宝用语言表达自己想大小便的意思。

5. 及时表扬宝宝，让宝宝为自己能控制大小便而感到自豪。注意应就事实本身肯定宝宝的努力，不要过于夸张。

6. 宝宝没能控制住大小便，尿湿或弄脏衣服时，父母的态度要温和，要告诉宝宝"下次排便前要告诉妈妈"。

让宝宝更聪明的认知训练

大动作能力训练

能力特点

1岁半的时候，大多数宝宝已经能够下蹲，自己弯腰捡东西，并且运动、行走自如了。有的宝宝可能还是会眼睛盯着地面，动作不是很协调地往前"冲"着跑几步。

有的宝宝早在1岁时就开始尝试着向后退着走了，但大多数宝宝要到1岁半的时候才能掌握向后退着走的技巧。

训练要点

在和宝宝一起玩耍时，要有意识地让宝宝练习跑和停，让宝宝学会在停之前放慢速度，使自己站稳。渐渐地，宝宝就能放心地向前跑，不至于因速度快、头重脚轻而向前摔倒了。

宝宝如果行走比较自如，爸爸妈妈可有意识地让宝宝练习自己上台阶或楼梯，从较矮的台阶开始，让宝宝不扶人只扶物，自己上台阶，熟练后再训练宝宝自己下楼梯。

精细动作能力训练

能力特点

有的宝宝到1岁半时，就能自己解纽扣和系纽扣了。到了这个年龄段，让宝宝配合穿脱衣服已经没有问题了，可以让宝宝试着自己脱衣服或穿衣服。

训练要点

家长要培养宝宝自己穿脱衣服的兴趣，一旦宝宝产生了兴趣，就会很想去做。尽管宝宝可能会把后面穿到前面、把里面穿到外面，但是还是要先夸奖宝宝自己会穿衣服了，然后再说穿反了来提醒宝宝注意。

妈妈可以准备一些珠子和绳子，和宝宝比赛穿珠子。妈妈应先做一下示范，告诉宝宝必须在孔的另一侧将绳子提起。这个动作要经过反复练习才能掌握，熟练后可渐渐加快速度，并可通过将珠子按从大到小的顺序穿起来的方法，来提高精细动作准确性。这个游戏是训练手、眼、脑协调性的好方法。

视觉能力训练

能力特点

　　这个阶段的宝宝知道"上"和"下"的意思了，开始形成较为成熟的空间感，能够区分物品的一些显著特征，爸爸妈妈应多引导宝宝观察事物，教宝宝识别物体的各种形状和特性。

训练要点

　　准备一些不同形状的物体，像气球、钟表、小球、圆形镜子等。妈妈指着这些物品说"宝宝快来看，这些东西都是圆形的，圆圆的气球，圆圆的钟表"，然后问宝宝物品的形状，引导宝宝说出"圆形的"。接着，让宝宝说出家中常见的圆形物体。妈妈也可以用同样的方法教宝宝认识颜色。

知觉能力训练

能力特点

　　宝宝想象力的发展与年龄有很大关系。假设给宝宝一个空盒子，1岁左右的宝宝首先想到的是用嘴咬，试图通过这种方式来探究空盒子的奥秘。1岁半时，宝宝明白了盒子的用途，他可能会把一些小东西塞进盒子，把它当成自己收藏各种宝贝的仓库。

训练要点

　　爸爸妈妈可以指着具体物体，反复多次地为宝宝描述这个物品的一个或多个特征，如颜色、形状、大小、数量、质地或声音等，最后引导宝宝自己说出来。

亲子游戏

能力游戏1

交朋友 🔍

游戏目的 培养孩子使用礼貌用语的习惯。

准备用具 布娃娃或布偶玩具。

参与人数 2人。

游戏玩法

① 妈妈用语言鼓励孩子跟布娃娃打招呼，说"你好"，并以布娃娃的身份送出礼物，说"这是送给你的"，教孩子学说"谢谢"。

② 妈妈鼓励孩子主动与别的孩子打招呼，并互赠糖果、交换玩具，同时学习礼貌用语"谢谢"，离开时引导孩子说"再见"，并做相应的手势。

能力游戏2

积木搭桥 🔍

游戏目的 锻炼手眼协调能力。

准备用具 积木若干，大桥图片1张。

参与人数 2人。

游戏玩法

① 提供大桥图片，让孩子清楚地说出"大桥"，引导他发现大桥的组成和特点：桥的组成——桥是由桥面、桥墩组成的；桥的特点——中间是空的，桥墩之间的距离是有一定比例的，桥面是平的。

② 让孩子自己用积木搭建，若搭建过程中遇到困难，家长可进行指导。

能力游戏3

字母卡配对 🔍

游戏目的 锻炼孩子的观察力。

准备用具 字母卡片若干。

参与人数 2人。

游戏玩法

摊开几张字母卡片，让孩子将两张相同的字母卡配对。如果孩子把外形相近的两个不同的字母混淆了，妈妈可在纠正错误的同时，形象地指出它们的区别，比如在解释字母 B 时，可将其描绘成孩子的一只耳朵，而把字母 P 解释为爷爷的手杖。

这个配对游戏适合1岁半左右的孩子。随着年龄的增长，可逐渐将配对游戏发展为归类游戏，比如将不同姿势的同一种动物的图片配成一对，对实物或图片中的水果、饼干等进行分类。

能力游戏4

数积木 🔍

游戏目的 锻炼手眼协调性及逻辑思维能力。

准备用具 积木若干。

参与人数 2人。

游戏玩法

① 将积木分成两堆，放在垫子或地毯上，引导孩子数积木。可以对孩子说："宝宝，我们来玩一个游戏好吗？来看看这里有多少积木。"

② 在成功引起孩子注意后，妈妈给孩子做示范：边用手指积木边数数。

③ 让孩子按照示范的样子数积木。

1 岁 6 个月宝宝生长发育记录

项目	您的宝宝	男（均值）	女（均值）
体重（千克）		10.9	10.2
身长（厘米）		82.3	80.7
头围（厘米）		47.4	46.2
胸围（厘米）		47.3	46.7
出牙情况（颗）		8~16	

宝宝的特点

- 宝宝能画出一些简单图形，并能完整地画出人体的结构。

- 宝宝可以根据物体的形状和颜色进行分类。

- 宝宝基本掌握了母语口语表达能力。

- 宝宝乐于助人：妈妈扫地，他就去拿簸箕；爷爷拿起报纸，他就会送来眼镜。

- 宝宝听到大人夸奖，会变得很开心；受到批评时，也会知道自己做错了。

第15章

1岁7个月～
1岁9个月的宝宝

身心特点

1岁半后的宝宝体格生长的速度仍较1岁前慢，但神经系统却在以较快的速度发育，表现在宝宝的动作、语言及心理活动等方面的能力较之前有了显著的发展。

可以自由地活动手脚

在这个时期，宝宝能自由地活动手脚，能灵活地使用手腕和手指，尤其是拇指和食指，能活动得很自然。宝宝喜欢转动门把、拨电话号码、丢玩具，可以用铅笔或蜡笔任意涂鸦了。

虽然宝宝的身体协调能力还不完善，但已经可以拿起汤匙，能用杯子喝水。在这个时期，宝宝只能利用手掌的力量来握汤匙，由于不能灵活地活动所有手指，因此吃饭时很容易将食物撒出。

会说简单的词

这时期宝宝的语言表达处于一个词代表一句话的阶段，如"饭"表示"饿了，要吃饭"等。通常，爸爸妈妈都会理解宝宝的"单词语言"，在此基础上要鼓励宝宝说双词句、多词句。爸爸妈妈要有耐心，一旦发现宝宝想要表达某种情绪时，就要适当地引导宝宝。

注意力集中的时间仍很短

宝宝注意力集中的时间仍很短，很难坐下来安静地吃饭，总是走来走去，对陌生人会感到新奇，很喜欢看小朋友们的集体游戏活动，当有什么事情做不好、不顺心时，还会发脾气、哭闹。宝宝喜欢规律的生活，他们对所有的突然变化都会表示反对，比如从奶奶家搬到姥姥家居住时，会不适应，会哭闹。

肚子仍比较大

宝宝的肚子仍比较大，腹部向前凸出。这时他已经能够控制自己的大便了，在白天也能控制小便，如果来不及控制尿湿了裤子也会主动示意。

喜欢做的事情变多了

宝宝喜欢帮助大人做家务，如果爸爸妈妈让宝宝帮着拿一些东西，他会很高兴。宝宝喜欢室外的活动，对外界的人、动物等有极大的兴趣。宝宝喜欢听故事、看图画、学儿歌，习惯用点头或摇头的方式表达自己的想法。

有无穷无尽的好奇心

在这个时期，宝宝是非常活跃的运动家、探索家，有着强烈的好奇心。在亲手接触新东西、不断亲身体验的过程中，宝宝能逐渐认识周围的世界，了解不同东西的特性，因此家长不能妨碍或限制宝宝的探索活动。好奇心是智力发育的原动力，因此应该不断地加大宝宝的活动范围，使宝宝保持高昂的兴致。

教孩子学收纳

1岁左右，孩子迎来了自己的秩序敏感期，很多父母会发现，他们对物品放置的位置、做事情的顺序都有着执着的要求。可以为1~2岁的孩子准备一个玩具架，引导他把玩具放到架子的固定位置，这种"各就各位"的方法可以提升孩子的空间秩序感。

在培养孩子整理物品的习惯时，要根据他的年龄来，不能过于较真，让孩子必须完成家长提的要求。如果孩子做得不好，不要斥责，应该先肯定他，再提建议。

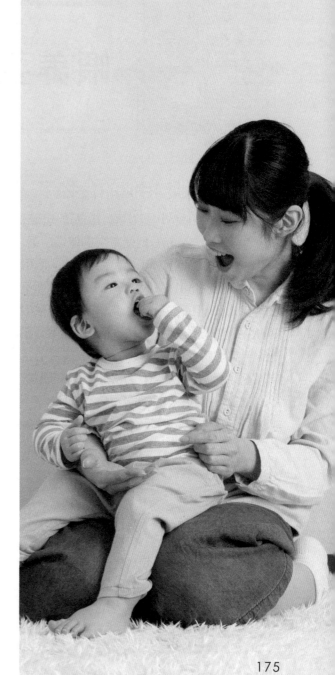

喂养要点

可以跟大人吃相似的食物了

为了宝宝身体的均衡发展，应通过一日三餐和零食来均匀、充分地使宝宝摄取饭、菜、水果、肉、奶等食物。可以让宝宝跟大人吃相似的食物，比如可以跟大人一样吃米饭，而不必再吃软饭，但是要避开质韧的食物，一般的食物也要切成适当大小并煮熟煮透了再喂。不要给宝宝吃刺激性食物。对有过敏症状的宝宝，还要特别注意慎食一些容易引起过敏的食物。2岁左右的宝宝可以吃大部分食物了，但一次不能吃太多，要遵守从少量开始、慢慢增加的原则。

怎样安排宝宝的早餐

1. 主食应该选谷类食物，如馒头、包子、面条、烤饼、面包、蛋糕、饼干、粥等，要注意粗细搭配、干稀搭配。

2. 注意荤素搭配。早餐应该包括奶及其制品、蛋、鱼、肉或大豆及其制品，还应安排一定量的蔬菜。

3. 牛奶加鸡蛋不是理想的早餐搭配。牛奶和鸡蛋都富含蛋白质，但两者搭配，碳水化合物含量较低。建议妈妈在给宝宝吃牛奶加鸡蛋的同时，还应加馒头、面包、饼干等食物，这样才能保证营养均衡。

宝宝不爱吃肉怎么办

如果宝宝不爱吃肉，可能是因为肉比别的食物更坚韧，不太好咀嚼，因此肉食一定要做得软、烂、嫩。下面为妈妈们介绍一些可以提高肉的口感、增进宝宝食欲的烹调技巧，妈妈们不妨尝试一下。

1. 可以采用熘肉片和汆肉片的方法，使肉质鲜嫩，不塞牙。

2. 多做肉糜蒸蛋羹、荤素肉丸；红烧肉烧好后再隔水蒸1小时，可使瘦肉变得松软。

3. 不要做得太油腻，肉汤要撇去浮沫。

4. 用葱、姜、料酒去腥。

5. 不妨加一些爆香的新鲜大蒜粒，不仅可以使菜肴鲜香，还能增进食欲。

6. 把洋葱煸软烂后，再与排骨或牛肉一起烹调，也有增进食欲的效果。

另外，为了保证不爱吃肉的宝宝的蛋白质摄入，可让其多吃奶类、豆类及其制品、鸡蛋等食物来补充蛋白质。如果平均每天喝2杯奶，吃3~4片面包、1个鸡蛋和3匙蔬菜，折合起来的蛋白质总量就有30~32克，再吃些豆制品，基本上就可以满足宝宝对蛋白质的需求了，所以妈妈也不必过于担心。

宝宝厌食怎么办

为什么会出现厌食

宝宝到了19个月大左右时，容易出现"生理性厌食"，这主要是由宝宝对外界探索的兴趣明显增加，对吃饭失去了兴趣导致的。

爸爸妈妈的正确调养方

父母对此应该表示理解，并经常变换食物的花样，让宝宝感到吃饭也是件有趣的事，从而提高吃饭的兴趣。有的父母看到宝宝不肯吃饭就十分着急，先是又哄又骗，哄骗不行，就又吼又骂，甚至大打出手，强迫孩子进食，这样会严重影响宝宝的健康发育。

宝宝吃多吃少，是由他的生理和心理状态决定的，不会因大人的主观愿望而转移。强迫孩子吃饭，不利于宝宝养成良好的饮食习惯。

让宝宝独立吃饭

应放手让宝宝自己吃饭，使其尽快掌握这项生活技能，也可为入园做好准备。尽管宝宝已经学习过拿勺子，甚至会用勺子了，但宝宝有时还是愿意用手直接抓饭菜，好像这样吃起来更香。爸爸妈妈要允许宝宝用手抓取食物，并提供一些可以手抓的食物，如小包子、馒头、面包、黄瓜条等，提高宝宝吃饭的兴趣，让宝宝主动吃饭。

温馨提示

不要把零食作为奖励

宝宝的胃容量比较小，一次的进食量有限，所以饿得比较快。适当吃一点儿零食可以补充一些营养和热量，还能调剂食物的口味，因此没有必要完全禁止零食。

但是，不要滥用零食来哄劝宝宝。当宝宝发脾气时，不要利用零食来转移他的注意力，这样会使宝宝觉得零食是奖励，是非常好的东西，无意间就强化了宝宝吃零食的习惯，并学会用零食来讨价还价。

护理要点

警惕宝宝患上佝偻病

佝偻病，俗称"软骨病"，是由维生素D缺乏引起体内钙磷代谢紊乱，而使骨骼钙化不良的一种疾病。佝偻病会使宝宝的抵抗力降低，容易合并肺炎及腹泻等疾病，影响宝宝的生长发育。佝偻病主要有以下症状：

1. 宝宝烦躁不安，夜间容易惊醒、哭闹，且多汗、头发稀少、食欲缺乏。

2. 骨骼脆软，牙齿生长迟缓；方颅，囟门闭合延迟；各关节增大，胸骨突出呈现为鸡胸，脊柱弯曲；腿骨畸形，出现"O"形腿或"X"形腿；行动缓慢无力。

3. 肌肉软弱无力，腹部膨隆犹如蛙腹。

家庭巧护理

1. 每天应带宝宝到室外活动1~2小时，晒太阳能促进维生素D的合成，预防佝偻病。

2. 每天补充适量的维生素D，鱼肝油要每天吃。此外，应根据宝宝的需要来补充钙剂。

3. 提倡母乳喂养，及时给宝宝合理地添加蛋黄、猪肝、奶及奶制品、大豆及豆制品、虾皮、海米、芝麻酱等辅食，以增加维生素D的摄入。

4. 不要摄入过多的油脂和盐，以免影响钙的吸收。

宝宝做噩梦了怎么办

噩梦的发生，常因宝宝在白天碰到了某些强烈的刺激，比如看了恐怖的电影或听了恐怖的故事等而引起，这些都会在大脑皮层留下深深的印迹，到了夜深人静时，其他的外界刺激不再进入大脑，这个刺激的印迹就会释放而发挥作用。此外，宝宝身体不适或某处有病痛时，又或者宝宝生长快，而摄入的钙又跟不上需要时，都会导致做噩梦。爸爸妈妈应该怎样帮助宝宝走出噩梦呢？

1. 在宝宝做噩梦哭醒后，妈妈要将他抱起，安慰他，用幽默、甜蜜的语言解释没有什么可怕的东西，以化解宝宝对噩梦的恐惧。

2. 做噩梦的宝宝在第2天往往还会记得梦中的怪物，妈妈可以让宝宝将怪物画下来，以培养宝宝的创造力，然后借助"黑猫警长"等动画形象的威力打败怪物，以安慰宝宝。

3. 当宝宝初次一个人在房间睡时，常会因害怕而做噩梦。此时，妈妈一方面要给宝宝讲一个人睡的好处，另一方面可开个小灯，以消除宝宝对黑暗的恐惧，也可以打开门，让宝宝听到父母的讲话声，感觉父母就在身边，这样就可安心入睡了。

4. 为防止宝宝做噩梦，白天应注意不要给宝宝太强的刺激、责备和惩罚，不要看恐怖的电视剧、电影或讲恐怖的故事。入睡前半小时要让宝宝安静下来，以免因过度兴奋而做噩梦。

宝宝爱打人怎么处理

大多数宝宝到了1岁半左右，会出现打人现象，这是一种自然现象，但个别宝宝到3岁左右还常常毫无来由地打人，弄得妈妈整天向别人道歉。这该怎么办呢？

找出宝宝打人的原因

1. 宝宝早期的嬉戏、拍打动作，属于正常的交往行为，如果父母错误地引导或强化了这个动作，娇惯宝宝而没有及时制止，就会使宝宝养成喜欢打人的不良嗜好。

2. 如果爸爸妈妈很少与宝宝沟通，宝宝内心孤独，或者交往技能和语言表达能力差，自己的想法、要求说不清楚，别人没有照做，导致情绪不好，就会经常打人。

3. 寻求关注。在宝宝做好事的时候，往往得不到足够的关注，而他又渴望被关注，于是在得不到关注的时候，就会通过做一些较激烈的动作，比如打人来引起注意。

4. 一些生理因素导致宝宝烦躁时，比如在饿了、累了、生病、出牙等情况下，宝宝打人就会比较频繁。

父母的态度很重要

家长要时刻注意自己的言行。宝宝打了人，父母要表现出应有的威严，不能对此一笑了之，甚至开心地享受宝宝发脾气时别样的可爱之处，更不应主动逗宝宝发脾气、打人。时间长了，宝宝明白这种行为不被人接受，自然就会有所改变。

培养宝宝的爱心

1. 让宝宝尽早建立正确的情感表达方式，并不断强化，比如教宝宝亲吻父母、抚摸父母以表示对父母的爱，让宝宝拍布娃娃睡觉、给娃娃盖被、喂娃娃吃奶，等等。

2. 经常带宝宝与其他小朋友一起玩，或者养小金鱼、种花等，培养宝宝的爱心和对大自然的兴趣。

3. 经常表扬宝宝好的行为，提高他的自信，让他感受到被爱、被关注。

让宝宝更聪明的
认知训练

大动作能力训练

能力特点

在这一阶段，宝宝的运动能力强，尤其喜欢追着别人玩，也喜欢被别人追着玩。他们已具备良好的平衡能力，不但走路自如，扶着栏杆能上下楼梯，而且能连续跑5~6米，并能双脚连续跳。

训练要点

爸爸妈妈可以利用宝宝爱追逐的这一特点，跟他一起玩互相追逐的游戏，帮助他练习走和跑。要注意的是，宝宝有起步就跑的特点，爸爸妈妈注意不要让宝宝跑得太远、太累，要注意休息和安全。

此外，还可以让宝宝拖拉玩具，既能训练走路技巧，又能增强手臂的力量和四肢的协调性。在满足宝宝玩的愿望的同时，又帮助他锻炼了身体。

精细动作能力训练

能力特点

宝宝折纸时，会折2~3折，但是还不成形状；搭积木时，能搭高5~6块；穿扣眼儿时，能将玻璃丝穿进去，到2岁时，能将玻璃丝从另一侧拉出来。

训练要点

在这个时期，爸爸妈妈可以通过游戏、手工制作，如卷毯子、卷毛巾、撕纸等，鼓励宝宝做力所能及的事情，提高手部动作的稳定性、协调性和灵活性，发展宝宝的精细动作能力。

语言能力训练

能力特点

宝宝刚刚开始学习语言，如同学习其他新技能一样，需要通过大量的练习才能提高。有的宝宝在这段时间说话的积极性不高，只有在非常快乐或有某种迫切需要，并且在熟人面前时，才会开口说话。

训练要点

要鼓励宝宝说话，家长如果知道宝宝能懂得某个词的意思并会说这个词时，就应鼓励他去说这个词，对宝宝的所有言语尝试都应给予奖励和表扬。当宝宝用词语表达意愿或需求时，家长要积极互动，给予反应，不要忽略宝宝。

情绪与社交能力训练

能力特点

这阶段的宝宝已经能说 50 多个词了，这个数量会随着年龄增长呈几何级数增长。宝宝开始把词连成句子，而且理解能力远远超出表达能力。到了 2 岁，宝宝就能听懂一些简单指令了。

训练要点

这时候，爸爸妈妈要训练宝宝与更多的人交往，让宝宝初步懂得与人交往中一些简单的是非概念。例如，宝宝把别人的玩具弄坏了，就要让宝宝明白，是由于自己的过失才造成这样的后果，并帮助宝宝承担责任，陪他一起去买玩具赔给小伙伴，并且向小伙伴道歉。要让宝宝逐渐学会等待，懂得在游乐园里坐"飞机"要排队买票等。

亲子游戏

能力游戏1

五官歌 🔍

游戏目的 锻炼自我认知、语言感知、情绪表达和反应能力。

准备用具 无。

参与人数 2人。

游戏玩法

1. 妈妈和孩子面对面坐下，也可以抱着孩子。妈妈指着孩子的眼睛，引导他用手指自己的眼睛，并说："眼睛，小小眼睛看得清。"
2. 指鼻子说："鼻子，小小鼻子闻花香。"
3. 指嘴巴说："嘴巴，小小嘴巴吃东西。"
4. 指耳朵说："耳朵，小小耳朵听声音。"

能力游戏2

风车转转 🔍

游戏目的 发展逻辑思维能力。

准备用具 彩纸、剪刀、竹竿或小木棍、钉子。

参与人数 2人。

游戏玩法

1. 和孩子一起做风车。在此过程中，为了增强孩子对游戏的兴趣，可以拿出一张彩纸，让他跟着学折纸。
2. 风车做好后，让孩子拿着，放到窗口有风的地方，让他看到风车转动。
3. 孩子对转动的风车充满好奇，妈妈可以让他挥动拿着风车的手，观察风车转动的变化。

能力游戏3

咕噜咕噜变   🔍

游戏目的 锻炼宝宝思维的灵活性。

准备用具 无。

参与人数 2人。

游戏玩法

❶ 妈妈和孩子面对面坐好，双手握拳，嘴里一边念"咕噜咕噜变"，一边上下交替转两三圈。

❷ 妈妈伸出一根手指，说"一只小狗"。

❸ 继续转圈，念到"咕噜咕噜变"时，妈妈让孩子伸出两根手指，鼓励他说出"两只小狗"。

❹ 再转圈，依次说出"三只小狗""四只小狗"等。

能力游戏4

套杯子   🔍

游戏目的 加强宝宝对数字的认知，加强宝宝对多与少的理解，还能锻炼宝宝手拿物品的能力和手眼的协调性。

准备用具 塑料水杯或纸杯5个。

参与人数 2人。

游戏玩法

❶ 妈妈将水杯一字排开放在宝宝面前。

❷ 妈妈依照水杯摆放的顺序，拿起一个水杯套在另一个水杯上。

❸ 依次将5个水杯套在一起，演示给宝宝看，然后再将水杯依次排开。

❹ 请宝宝拿起一个水杯套在另外的水杯上，依次将水杯摆起来。这时的宝宝可能还不能完全准确地完成套杯子的动作，妈妈需要在旁边协助，并及时鼓励宝宝。

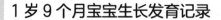 **1 岁 9 个月宝宝生长发育记录**

项目	您的宝宝	男（均值）	女（均值）
体重（千克）		11.5	10.9
身长（厘米）		85.1	83.7
头围（厘米）		47.8	46.7
胸围（厘米）		48.6	47.4
出牙情况（颗）		10～16	

 宝宝的特点

- 宝宝走路变得更加娴熟，双脚靠得更近，步态更加稳了，有的宝宝已经会一步上一个台阶了。

- 宝宝喜欢自言自语，说谁也听不懂的话，或许是宝宝在复述着曾经他听不懂的语言，或许是在模仿成人说话的语调和节奏呢。

- 宝宝能听懂电视剧中的语言了，对字词的使用能力也提高了，但宝宝的思想总是先于语言，所以宝宝有时出现口吃也就在所难免了。

- 宝宝有时可以两脚跳离地面，会玩扔球、捡球、找东西的游戏。

第16章

1岁10个月~2岁
的宝宝

身心特点

将近 2 岁的宝宝走路已经很稳了，能够跑，还能自己上下楼梯。如果有什么东西掉在地上了，他会马上蹲下去把它拣起来。注意力集中的时间比以前长了，记忆力也增强了。

走路越来越稳

宝宝身体的动作会更加灵活，能够平稳地走路，并能保持身体平衡，宝宝走起路来已经不容易摔倒，还能模仿踢球的动作。另外，宝宝还能跑步，可以牵着妈妈的手上下台阶。有的宝宝走路较晚，这时不应当强迫宝宝练习，因为强迫宝宝练习走路，会给宝宝未发育好的双腿增加负担，很容易形成"O"形腿。只要没有特殊的疾病，宝宝迟早都会学会走路，因此不用过于着急。但如果宝宝 15 个月大时还不能走路，就应该到医院接受检查。

喜欢大运动

这时的宝宝很喜欢做大运动，如跑、跳、爬、跳舞、踢球等，并且很淘气，常会推开椅子，爬上去拿东西，甚至从椅子上桌子，从桌子上柜子，总是闲不住。

现在，宝宝只用一只手就可以拿着小杯子很熟练地喝水了，用匙的技术也有很大提高，他能把 6~7 块积木叠起来，会把珠子穿起来，还会用蜡笔在纸上模仿着画垂直线和圆圈。

宝宝会自己转动门把手，打开盒盖，会把积木排成火车，总想学着用小剪刀剪东西。总之，这时的宝宝非常可爱。

掌握更多词汇了

将近 2 岁的宝宝已经掌握了 300 多个词汇，能够迅速说出自己熟悉的物品，会说自己的名字，会说简单的句子，能够使用动词和代词，说话时具有音调变化，常会重复说一件事，开始学唱一些简单的歌，喜欢猜一些简单的谜语，能说出图片中的物体名称，大人命令他干什么，能完全听懂且照着做。

独立心和依赖心同时存在

宝宝既依赖妈妈保护自己，又想脱离妈妈，坚持自己的主张，去探索新的世界，只要看不到妈妈，就会感到不安，并失去信心。总而言之，宝宝具有明显的双重个性。在这个时期，宝宝的独立意识是在自己受到保护的前提下形成的，因此2周岁的宝宝持有好奇心的同时，在精神上还需要依赖爸爸妈妈。

呵护孩子的安全感

1. 呵护孩子的安全感，不要强迫他和陌生人互动。

2. 父母可以在生活中潜移默化地教孩子明白人与人之间是如何交流、互动的，比如带孩子在小区散步时，和邻居聊聊天，这时候你会发现他会认真地观察你们，还可以创造机会让孩子接触同龄人，让他接触新的面孔，明白人有社会属性这个事实。

喂养要点

怎样纠正宝宝偏食

做饭时多考虑宝宝的喜好

对宝宝不喜欢吃却富有营养的食物，必须精心烹调，尽量做到色香味俱佳，还可将其添加到宝宝喜欢吃的食物中，让他慢慢适应。

增加宝宝的运动量

运动会加速能量的消耗，促进新陈代谢，增强食欲。在肚子饿时，宝宝是很少偏食、挑食的，俗话说的"饥不择食"就是这个道理。

不要哄骗宝宝

当宝宝较饿时，比较容易接受不喜欢的食物，可以让宝宝先吃他不喜欢的，再吃他喜欢的，但应注意不要过分强迫，以免宝宝对不喜欢的食物更加反感。

让宝宝心情愉快

父母带头吃宝宝不爱吃的菜，只要宝宝吃了，便给予适当的鼓励，这样能调动宝宝的积极性。

好动宝宝的饮食调理

好动宝宝的特点

注意力不够集中且容易转移，经常发脾气，容易从一个行动跳跃到另一个行动。

宝宝好动的原因

好动的宝宝虽然很聪明，但是经常无法集中注意力，这是因为宝宝体内缺乏大脑正常运作所需的一种化学物质，这种物质的缺乏与宝宝的饮食有很大关系。

饮食调养方

1. 富含精制碳水化合物、人工色素的食物和缺乏维生素 B 族的食物都是引发宝宝好动的因素。因此，要避免给宝宝食用这类食物。

2. 对任何含有水杨酸盐的食物都要尽量避免。

3. 饮食中增加营养性酵母、鱼类、牛肉、海藻、富含维生素 B 族的蔬菜等。

给宝宝吃喜欢的加餐

对于宝宝来说，加餐不仅可以补充营养，还能给他们带来美好的期待和快乐的体验。适当给宝宝吃一些可口的加餐点心，不仅能让宝宝精神振奋，还能稳定宝宝的情绪。

对于快2岁的宝宝来说，加餐补充的能量大致可以占全天能量的10%~15%，不能过分给予，否则会影响宝宝吃正餐。

加餐可以在每天固定的时间给予，加餐的量和内容要根据宝宝的食欲和活动量来决定，不规则或频繁的午后加餐，不仅会引起蛀牙，还会导致宝宝食欲不振，破坏宝宝的饮食习惯，对宝宝的健康不利。

宝宝喜欢吃的加餐	
季节性水果及蔬菜类	苹果、柑橘、香蕉、草莓、桃子、西瓜、梨、葡萄、柿子等
	番茄、黄瓜、芹菜等
牛奶、乳制品及鸡蛋	牛奶、优酪乳、乳酪等
	以鸡蛋、牛奶为主要原料制作的果汁牛奶、牛奶蛋糊、牛奶馒头等
薯芋类	红薯、土豆、芋头等
	芋泥、土豆泥、土豆面包等
谷类及其制品	三明治、炒面、热蛋糕、烙饼、蒸馒头、糯米丸子等

宝宝"伤食"怎么办

宝宝进食量超过了正常的消化能力，便会出现一系列消化道症状，如厌食、上腹部饱胀、舌苔厚腻、口中带酸臭味等，这种现象称为"伤食"。

🔦 处理方法

可暂时让宝宝停止进食或少食1~2餐，2天内不吃脂肪类食物。可以喂宝宝吃脱脂奶、胡萝卜汤、米汤、肉松、蛋花粥、面条等，同时可给宝宝服用一些助消化的药物。

🥄 食疗方法

将土豆（不要用发芽、发青的土豆）洗净，连皮切成薄片，和洋葱片、胡萝卜各5片一起入锅，用大火煮烂后加盐调味。每天3次，每次吃1小碗，空腹服下。

护理要点

宝宝防晒高招

经常晒太阳，能帮助合成更多的维生素D，有利于宝宝的健康成长。但是，夏天的烈日也可能会给宝宝的皮肤带来伤害，因此父母要了解一些防晒知识。

出门要选好时机

在上午10点以后至下午4点之前，爸爸妈妈应尽量避免带宝宝外出活动，因为这段时间的紫外线最为强烈，非常容易伤害宝宝的皮肤。最好能赶在太阳刚上山或即将下山时带宝宝出门散步。

给宝宝涂防晒霜

最好选择专门针对宝宝特点设计的防晒产品，能有效预防晒黑、晒伤皮肤，一般以防晒系数15为佳，防晒值过高会给皮肤造成负担。

在琳琅满目的货架上，最好挑选物理性或无刺激性、不含有机化学防晒剂的高品质婴儿防晒产品。给宝宝用防晒用品时，应在外出前15~30分钟涂用，这样才能充分发挥防晒效果。

防晒用品不可少

外出时，除了涂抹防晒霜以外，还要给宝宝戴上宽边浅色遮阳帽、太阳镜或打遮阳伞，这样可直接有效减少紫外线对宝宝皮肤的伤害，也不会加重皮肤的负担。

宝宝外出活动时，服装要轻薄、吸汗、透气。棉、麻、纱等质地的服装吸汗，透气性好，轻薄舒适，便于活动。另外，穿长款服装可以更多地遮挡阳光，有效防止皮肤被晒伤。

在阴凉处活动

进行室外活动时，应选择有树荫或有遮挡的地方，每次活动1小时左右即可，这样既不会妨碍宝宝身体对紫外线的吸收，也不会晒伤宝宝的皮肤。

如果宝宝能听懂爸爸妈妈的话，就可以教宝宝"影子原则"了，即利用影子的长度来判断太阳的强度，影子越短，阳光越强。当宝宝影子的长度小于宝宝的身高时，就要找遮蔽的场所，避免晒伤了。

秋天也要注意防晒

秋天的紫外线依然很强烈。宝宝的肌肤特别娇嫩，裸露的皮肤被强烈的紫外线照射后，很容易引起一些疾病，最常见的就是脸部会出现日光性皮炎。所以，父母同样要做好秋季的防晒工作，特别是初秋季节，仍然不能忽视防晒。

防止宝宝视力出现异常

预防眼内异物

宝宝的瞬目反射尚不健全，应该特别注意预防眼内异物。在刮风天外出时，应该在宝宝的脸上蒙上纱巾；扫床时，应将宝宝抱开，以免风沙或扫帚、凉席上的小毛刺进入眼内。因为宝宝大部分时间都是在睡觉，眼内有异物时难以发现，如果继发感染，有可能造成严重后果。

避免在灯光下睡觉

宝宝还处于发育阶段，适应环境变化的能力很差。如果卧室灯光太强，就会使宝宝躁动不安、情绪不宁，以致难以入睡，同时也会影响宝宝适应昼明夜暗的生物钟规律，使他们分不清黑夜和白天，不能很好地睡觉。

宝宝长时间在灯光下睡觉，光线对眼睛的刺激会持续不断，眼睛便不能得到充分休息，易损害视网膜，影响其视力的正常发育。

边吃边玩要不得

宝宝吃几口就玩一阵子，会使正常的进餐时间延长，使饭菜变凉，还容易被污染，从而影响胃肠道的消化功能，加重宝宝厌食。吃饭时玩玩具，也会导致胃的血液供应量减少，消化功能减弱，食欲缺乏，这不仅会损害宝宝的身体健康，还会使宝宝从小养成做事不严肃、不认真的坏习惯，长大后往往学习不专心。

让宝宝更聪明的认知训练

大动作能力训练

💡 能力特点

2岁左右的宝宝一般能够行走自如，扶着栏杆能上下楼梯，而且还能连续跑5~6米，并能双脚连续跳，走路时还具有平衡能力。

快2周岁的宝宝，随着自己能够独立走路，已经不再愿意爸爸妈妈进行干预了。他喜欢尝试自己拉着玩具走来走去，听着拉小车、小鸭子、小马等玩具时发出的不同声音，想象着玩具的动作，玩得不亦乐乎。

💡 训练要点

训练宝宝的平衡能力。在宝宝行走自如的基础上，可以带宝宝玩一些走直线的游戏。妈妈可以将五块地板比作桥，让宝宝练习在桥上走，也可以带宝宝到室外，画一条直线，叫宝宝踩着线走。

语言能力训练

💡 能力特点

宝宝在这个时期，语言能力发展进入了一个新阶段——学习阶段。在这一阶段，宝宝一步步地把语言和具体事物结合起来，开始说出很多有意义的词。语言能力发展较快的宝宝已经能说短句了，如"爸爸再见""爷爷奶奶好"等。

💡 训练要点

在这一时期，宝宝学说话的积极性很高，对周围事物的好奇心也很强烈，因此爸爸妈妈要因势利导，除了在日常生活中巩固已学会的词句以外，还要让宝宝多接触自然和社会环境，启发宝宝在认识事物的过程中，表达自己的情感。

知觉能力训练

能力特点

将近2岁的宝宝已经具备区分左右的能力。我国儿童之所以较早学会分清左右，是因为拿筷子比较早，几乎所有会拿筷子的孩子都知道拿筷子的是右手，个别用左手的孩子也知道自己是用左手拿筷子，所以宝宝2岁时，基本都能分清自己的左右手了。

训练要点

这时候，应该赶紧教宝宝区分左右了。如果家长经常同宝宝在镜前做游戏，宝宝就能快速指出自己的左眼、右耳、左肩、右膝、右胳肢窝、左肘等部位。宝宝能分清鞋的左右最早是在23个月，多数是在33个月。分左右是认识空间方位的感知觉，所以可以通过它来促进宝宝的感知觉能力发育。

思维能力训练

能力特点

这个时期，宝宝不但在语言能力上有突飞猛进的发展，而且记忆力也日渐增强。

另外，到2岁时，宝宝已经具备足够的想象力，他会挖掘盒子的一些新功能，比如将盒子当成帽子戴在头上。这时，他可能会将一个简简单单的盒子想象成快艇、小动物的家、魔术盒，或者其他大人根本不会去想的东西。

训练要点

要训练宝宝多交谈、多模仿、多参加一些有助于认知能力和理解能力发展的游戏，因为这时的宝宝开始喜欢探索，想找到事物之间更深一层的关系，所以爸爸妈妈应多让宝宝在游戏中主动求知，体会探索的成就感，并从中得到满足。

亲子游戏

能力游戏1

| 咚咚咚，是谁啊 | 🔍 |

游戏目的 培养宝宝的社交能力。

准备用具 无。

参与人数 2人。

游戏玩法

❶ 宝宝在房间里，妈妈在外面"咚咚咚"地敲门。

❷ 妈妈说："咚咚咚，我是妈妈，可以进来吗？"

❸ 宝宝回答："好，请进！"

❹ 接着角色互换，由宝宝敲房门试试看。

要教宝宝有礼貌地和别人打招呼、表达自己希望沟通的意愿，鼓励宝宝多与同龄的小朋友一起玩。

能力游戏2

| 和毛毛熊聊天 | 🔍 |

游戏目的 锻炼宝宝的语言沟通能力。

准备用具 毛毛熊玩具或者其他毛绒玩具。

参与人数 2人。

游戏玩法

❶ 引导宝宝和毛毛熊说话："毛毛熊，你好！"

❷ 妈妈扮成毛毛熊说："宝宝，你好！"

能力游戏3

今天我当家　🔍

游戏目的　训练想象力及人际交往能力。

准备用具　布娃娃1个。

参与人数　2~3人。

游戏玩法

❶ 拟定好角色，妈妈扮演到娃娃家串门的"客人"，孩子为"主人"。

❷ 妈妈装作敲门的样子，并引导孩子用"您好""请进""请坐"之类的礼貌交际用语来招呼"客人"。

❸ "客人"到了娃娃家后，进一步引导孩子以"主人"身份招待"客人"，如喝茶、吃饭等，让游戏继续下去。

❹ "客人"起身告辞，引导"主人"说出"再见""下次见"等礼貌用语。

能力游戏4

数字歌　🔍

游戏目的　提高宝宝对数字的认知。

准备用具　无。

参与人数　2人。

游戏玩法

❶ 在宝宝安静的时候给他朗读《数字歌》。

❷ 可以带着宝宝伸手指，比如说到"1像铅笔会写字"的时候，可以伸出食指比"1"。

1像铅笔会写字，2像小鸭水中游；

3像耳朵听声音，4像小旗迎风飘；

5像秤钩来买菜，6像哨子吹比赛；

7像镰刀割青草，8像麻花拧一拧；

9像蝌蚪尾巴摇，10像油条加鸡蛋。

注意要点：不要一次性灌输太多内容，也不要过于急功近利，否则会适得其反，降低宝宝学习的兴趣。

专题 1～2岁宝宝的成长印记

检查日期：_____年___月___日
体重：___ 千克   身长：___ 厘米

1. 宝宝出几颗牙了？   ___颗（在相应的出牙位置涂上颜色）

乳牙一共有20颗，应在2岁半以前出齐。

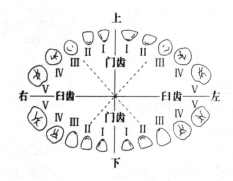

2. 您的宝宝是否曾患腹泻？   □ 是   □ 否

腹泻是指以大便次数比平时增多和大便性状改变为特点的消化道综合征。腹泻的主要威胁在于脱水，请参考下面的方法进行护理。

（1）给宝宝喂比平时更多的液体，应包括腹泻时丢失的水分。可选择的液体：

①口服补液盐（医院和药店均有）。

②米汤＋盐：米汤500毫升＋盐1.75克。

③糖盐水：开水500毫升＋糖10克＋盐1.75克。

④其他液体：母乳、牛奶、奶制品、各种粥、茶水、白开水等均可。

（2）继续给宝宝喂营养丰富的食物。食物种类可同病前，但制作方法以易于消化为宜，少量多餐。

（3）除非经大便化验证实为细菌感染，一般不使用抗生素治疗。

（4）观察病情。如发现下列情况，应及时看医生：多次水样便、频繁呕吐、明显口渴、不能正常饮食、发热、大便带血等。

3. **您的宝宝会自己用勺子吃饭了吗？**   □ 会   □ 不会

4. **您的宝宝白天要解大小便时会有所表示吗？**   □ 会   □ 不会

5. **您的宝宝会把两个不同音的字组合起来吗？**   □ 会   □ 不会

6. **您的宝宝能按照您的吩咐做一些简单的事情了吗？**   □ 能   □ 不能

在这 1 年中，您在育儿方面有哪些心得，请记录下来：

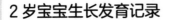

2 岁宝宝生长发育记录

项目	您的宝宝	男（均值）	女（均值）
体重（千克）	·	12.2	11.5
身高（厘米）		87.8	86.4
头围（厘米）		48.3	47.2
胸围（厘米）		49.4	48.2
出牙情况（颗）		16~20	

宝宝的特点

- 宝宝走、跳等能力发展良好。

- 宝宝能说出由三个甚至是四个词语组成的句子，如"你拿这个，我拿那个""放到碗里，我要吃"等。

- 宝宝会向家长提一些问题，如"这是什么""在哪儿"等。

- 宝宝能自由地活动手脚，而且能灵活地使用手腕和手指，尤其是拇指和食指，能活动得很自然。

- 宝宝会背诵几首完整的儿歌和唐诗了。

第17章

2岁1个月~
2岁6个月的宝宝

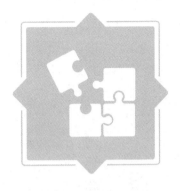

身心特点

不知疲倦，不停地活动

在这个时期，宝宝学会了奔跑，能用左右脚踢球，而且能抓住栏杆上下台阶。不仅如此，宝宝还能玩"剪刀、石头、布"的游戏。宝宝出生 24 个月以后，走路的步幅变小了，走起路来非常稳。在这个时期，宝宝的手部功能比较发达，能够一页一页地翻书，还能堆起6~7 块积木。此外，宝宝还能用手指着东西，数"1、2、3"，但此时还无法准确地数数。宝宝出生 30 个月时，就能用脚尖走路了，蹦蹦跳跳的，非常调皮。

惧怕的事情越来越多

随着想象力的丰富，宝宝会对很多新东西产生恐惧的心理。宝宝特别害怕不习惯的或第一次看到的东西，而且会把"鬼来啦"等大人的玩笑当真，并感到恐惧。

另外，由于想象力变得丰富，宝宝很容易把别人的事当成自己的事，经常想象着从未经历过的危险，恐惧心理日益加剧。一般来说，

很多宝宝害怕火、水、动物、黑夜、汽车、飞机、恶魔和死亡。当宝宝感到恐惧时，应该详细地介绍让宝宝恐惧的物件，尽量稳定宝宝的情绪，帮助宝宝克服恐惧心理。

在日常生活中，不应该吓唬或威胁宝宝，否则只能加重宝宝的恐惧，应该尽量让宝宝回避有鬼、恶魔等恐怖形象的电影画面。

语言能力飞速提高

在这个时期，宝宝运用词汇和造句的能力快速提升，成天唧唧喳喳地说话。但是，由于掌握的词汇比较少，宝宝的表达能力较差，还不能准确地表达自己的想法。此时，宝宝会经常重复"但是""那是""这个"等词汇，妈妈应该耐心地听宝宝说话，然后用正确、完整的句子回答。

进入第一反抗期

在这个时期的宝宝，"不要""我自己来做"的自我主张会越来越多。一般情况下，宝

宝从 2 周岁开始逐渐形成自我概念和自控的能力，而且有了喜欢和厌恶的观念。在这个时期，任何事情宝宝都想自己做，这经常让妈妈疲惫不堪。但只要不是危险或伤害别人的行为，妈妈就应该尊重宝宝的意见。

结巴

宝宝刚开始使用句子时，无法很自然地造句，容易出现结巴的现象。在这个时期，很多妈妈担心宝宝以后也会结巴，不知道该如何解决结巴的问题。结巴与情绪有着密切的联系。一般来说，情绪紧张、受到惊吓、极度兴奋或受到挫折时，结巴的症状特别严重。当宝宝结巴时，不要嘲笑或强迫宝宝改正错误，应该小心翼翼地纠正宝宝的错误，并且营造轻松、自然的氛围。另外，还需要找出让宝宝感到紧张的原因，并及时解决。

温馨提示

适度引导，一刀切的方式不可取

不少父母为了让孩子尽快能"自己的事情自己做"，和孩子对话时不知不觉就带了情绪，或者会义正词严地拒绝孩子。拒绝的次数多了，孩子就会觉得"妈妈不愿意帮助我"，甚至觉得"妈妈不爱我"，这样不仅不利于自主性的建立，还会大大破坏孩子的安全感，更不利于其良好性格的形成。所以，在引导孩子自己的事情自己做时，首先要保证我们的要求没有引起孩子的反感，且这些要求是在他能力范围内能完成的。

喂养要点

根据季节特点为宝宝选择食物

春天是宝宝生长发育比较快的季节，可以多吃一些富含钙、蛋白质的食物，如牛奶、虾米等。夏天应该多吃一些清爽的食物，如冬瓜、菠菜、萝卜、苹果、草莓、百合等各类蔬果。秋天可以多吃些能滋阴润燥的食物，如荸荠、藕、芋芳、山药等。冬天应多吃一些高热量、高蛋白、有滋补作用的食物，如羊肉、鸭肉、红薯、红枣、核桃、萝卜等。

如何给宝宝选择饮料

一般给宝宝喝的饮料要挑选不含咖啡因、色素、磷酸盐、香辛料、糖的品种。以橘子或番茄等为主原料的果汁有过敏的危险，要谨慎喂食。用茶或谷类制作的饮料，如果由两种以上的主原料混合制成，仍有过敏和消化不良的危险，要谨慎添加。

另外，在给宝宝喂饮料的时候要掌握好量，一天喂2次，一次喂100毫升即可。喝过果汁后，要用清水漱口。

给宝宝添加补品要适当

市场上专门为宝宝研制的营养品有很多，有补钙、补锌、补赖氨酸等品种。爸爸妈妈需要对营养品有正确的认识：宝宝只要不偏食，就能从食物中摄取足够丰富和全面的营养素。如果没有特殊的需要，就没有必要添加额外的营养品。如果你的宝宝确实因为某些原因需要补充营养，也最好先询问一下医生的意见，选择适合的补品，有针对性地添加。

宝宝的系统功能还未发育成熟，调节功能相对较差，不恰当地补充营养，不但会增加宝宝的身体负担，还会引起各种疾病。例如，给宝宝服用蜂王浆类的补品容易造成性早熟，过量补充维生素A容易造成维生素A中毒，等等。

强化补剂是针对有病症的宝宝的，建议平时的饮食要做到搭配科学合理。

当心染色食品对宝宝的危害

商店橱窗中那些五彩缤纷的糖果和艳丽的花色蛋糕，总是会刺激宝宝们的食欲。当你看到宝宝开心地吃着这些食品时，可否想到食品上鲜艳的颜色对人体的危害？人工合成色素是用化学方法从煤焦油中提取合成的，多有不同程度的毒性，对宝宝的毒害作用很大，会造成智力低下、发育迟缓、语言障碍，严重者会停止生长发育。

国家明令禁止在宝宝食品中加任何人工色素。可是目前市售的儿童食品中，着色是很普遍的，拿这种儿童食品喂养宝宝是有害的。以儿童为消费对象而生产的各色甜食、冷食、饮料销量巨大，年轻的父母对宝宝的饮食要求更是有求必应，而受害的自然是宝宝。

爸爸妈妈在为宝宝选购食品时，应多为宝宝的健康着想，要慎之又慎！尽量挑选不含人工色素的食品，以限制色素的摄入量，尤其是在夏天，爸爸妈妈要掌握一个原则，那就是宝宝的食品应当以天然或无公害为原则。

纠正宝宝不爱吃蔬菜的习惯

首先，家长要给予耐心的教育和引导。平时应有意识地让宝宝认识各种蔬菜，以及它们对人体的重要性，同时带头多吃蔬菜，避免在宝宝面前议论某菜肴不好吃，或做出厌恶的表情。宝宝如果不愿吃，也不要强迫，否则会引起宝宝对蔬菜的反感。

可变换烹调方法，将宝宝不吃的蔬菜做成馄饨、水饺、包子等让宝宝食用；坚持由少到多、每顿供给的原则，每餐都有蔬菜，并从少量开始逐渐增加蔬菜的量和品种；注意品种的搭配，将宝宝喜欢吃的食物与蔬菜搭配在一起进行烹调。坚持这样做，会增加宝宝对蔬菜的兴趣，慢慢改变其不吃蔬菜的习惯。

宝宝不吃蔬菜的习惯不是几天内养成的，所以要改变它也不是一时半会儿的事，家长应保持一定的耐心，循序渐进，逐步纠正。

护理要点

服驱虫药时应注意饮食调理

1. 以前服驱虫药要忌口，而目前的驱虫药不需要严格地忌口，在驱虫后可吃些富有营养的食物，如鸡蛋、豆制品、鱼、新鲜蔬菜等。

2. 驱虫药对胃肠道有一定的影响，所以饮食要特别注意定时、定量，不要过饱、过饥，过量的营养会使胃肠道功能紊乱。

3. 服驱虫药后要多喝水，多吃含膳食纤维的食物，如坚果、芹菜、韭菜、香蕉、草莓等。水和植物纤维素能加强肠道蠕动，促进排便，可及时将被药物麻痹的肠虫排出体外。

4. 要少吃易产气的食物，如萝卜、红薯、豆类等，以防腹胀；少吃辛辣和热性食品，如茶、咖啡、辣椒、狗肉、羊肉等，因为这些食物会引起便秘而影响驱虫效果。

5. 钩虫病及严重的蛔虫病患儿多伴有贫血，在驱虫后应多吃些红枣、瘦肉、动物肝脏、鸡鸭血等补血食品。

6. 在夏季食用的生冷蔬菜和水果最多，因此感染蛔虫的概率较大。到了秋季，幼虫长为成虫，都集中在小肠内，如果这时服驱虫药，可收到事半功倍的效果。

保护好宝宝的牙齿

培养宝宝良好的口腔卫生习惯

宝宝2岁以后，就可以培养他自己漱口了。妈妈要对宝宝有信心，多鼓励宝宝去做，不要怕他做不好。要知道宝宝是有很大潜力的，只要妈妈肯放手让宝宝尝试，宝宝很快就能掌握。一定要让宝宝养成饭后漱口，早晨起床后及晚上睡觉前刷牙的习惯。

定期给宝宝做牙齿检查

爸爸妈妈要重视宝宝牙齿的健康检查和保健，每3~4个月就要带宝宝看一次牙医，及时发现和治疗是对付龋齿的有效方法。

少吃糖

让宝宝少吃甜食，尤其是要少吃甚至不吃糖，这对预防龋齿有一定的作用。同时要注意，不仅是糖，残留在牙齿间的所有食物，都有引起龋齿的可能，所以在不吃糖的同时，还必须保持牙齿的清洁。

🥄 3岁以内的宝宝不能使用含氟牙膏

牙齿表面的釉质与氟结合，可生成耐酸性很强的物质，所以为了预防龋齿，很多牙膏里都加入了氟。含氟牙膏对牙齿虽然有保护作用，但是对2~3岁的宝宝来说，他们的吞咽功能尚未发育完善，刷牙后还掌握不好吐出牙膏沫的动作，很容易误吞，导致氟摄入过量。

3岁以内的宝宝应使用不含氟的儿童牙膏。

让宝宝更聪明的认知训练

大动作能力训练

💡 能力特点

宝宝的运动能力有了明显的进步，走路已经很稳了，能够跑，还能自己单独上下楼梯；平衡能力也有很大进步，能够单腿站立；宝宝会估量高度，知道把头低下，或弯腰、屈膝，能走过去而不碰到器材。到2岁半的时候，基本上能接住反跳球，有的宝宝能接住从1米远的地方抛过来的球；双手、双脚进一步协调、灵活，能够骑三轮车；腿部肌肉已经有些力量了，臂力也比较强了。

💡 训练要点

这一阶段的宝宝，运动能力已经非常强了，具有良好的平衡能力，并会拍球、抓球和滚球了。由于这个时期宝宝的运动量较大，因此肌肉也结实、有弹性了。可以进行一些户外追逐、闪躲游戏及长距离运动。

精细动作能力训练

💡 能力特点

能够用笔有方向性地画直线、画圈；能玩泥塑、拼插造型；能自己吃饭，自己脱鞋袜；能穿上面开口的衣服，能扣扣子；等等。

💡 训练要点

有计划、有步骤地训练宝宝扣纽扣、学剪纸、穿珠子、涂鸦绘画、拼图等，同时准备各种玩具和生活用品，如盒子、瓶子、杯子或碗等，给宝宝自由摆弄，使宝宝更加心灵手巧。

语言能力训练

💡 能力特点

宝宝逐渐能用三个单词组成的简单句对话。到2岁半的时候，他能说出稍微复杂一些的句子，能理解父母的话，会模仿他们的口形，还会回答问题、表达意愿，并经常提一些问题。

训练要点

父母在说话的时候，眼睛要看着宝宝，语气要愉快，语句要简单，速度要慢，要有短暂的停顿，讲话内容应结合眼前的事物、当前的活动或符合宝宝的兴趣。说话时，要辅以相应的表情和动作，让自己说出的话生动有趣，易于被宝宝接受。

数学能力训练

能力特点

这一阶段的宝宝能够理解左右、大小、高矮、多少等概念，能够进行简单的物品分类，如把相同名称或颜色的物品分类等。到了2岁半左右，宝宝进入计算能力提高的关键期，已经掌握口头数数、点数、按数取物等能力。

训练要点

在日常生活中，让宝宝数一切能数的东西，培养宝宝对数与量的理解能力，并学会数10以内的数字。还要注意培养宝宝的逻辑能力，如让宝宝比较远近、厚薄等。

知觉能力训练

能力特点

宝宝能够用词把知觉的对象从背景中分出，比如用"小狗"一词把小狗从其他玩具中找出来，并能认出小狗的眼睛、耳朵等。

随着宝宝活动能力的发展，这个时期的宝宝出现了最初的空间知觉、时间知觉，知道区分物品摆放的近和远。如果改变了宝宝常用的一些东西和玩具存放的地方，开始时他仍会到原来的地方去寻找。

训练要点

父母要引导宝宝进行初步的观察力开发，让宝宝能正确区分水果和蔬菜，并帮助宝宝初步建立"早晨""中午""晚上"的时间概念。

情绪与社交能力训练

能力特点

这一时期的宝宝开始出现逆反心理，好奇心也很强，不喜欢别人帮忙，凡事都想自己解决；心态比较积极，心情愉快，喜欢不停地活动；在与同伴交往时，可以大方地把玩具给对方玩，但更愿意独自一个人玩。

训练要点

父母要观察宝宝的性格倾向，在宝宝淘气时要坚持原则，告诉他这样是不对的，不要溺爱；让宝宝树立自信心，培养宝宝独立自主的观念，让他学着自己做事，发现并欣赏自己的能力；扩大宝宝的交际圈，带宝宝外出做客或购买物品，还要经常请邻居家的小伙伴到家中与宝宝一起玩。

亲子游戏

能力游戏1

我踢，你来接 🔍

游戏目的 训练大动作、身体协调性及逻辑思维能力。

准备用具 无。

参与人数 2～3人。

游戏玩法

1 跟孩子说明游戏的规则，双方站在相距30厘米的地方，将球踢向孩子，并让孩子用脚再踢给妈妈。

2 在孩子动作较为熟练后，可以适当加大距离。

能力游戏2

练习走平衡木 🔍

游戏目的 训练肢体平衡性。

准备用具 无。

参与人数 2人。

游戏玩法

1 妈妈将孩子抱到马路牙子上，或者让他自己爬到马路牙子上。

2 牵着孩子的小手，让他在马路牙子上行走。

3 适时松开孩子的手，让他自己行走。

能力游戏3

快乐保龄球   🔍

游戏目的 训练孩子独立思考及解决问题的能力。

准备用具 玩具球1个，空饮料瓶5个。

参与人数 2~3人。

游戏玩法

❶ 在客厅较为宽敞的地方，将空饮料瓶摆放成三角形。

❷ 从距离空饮料瓶约50厘米的地方，滚动玩具球去撞击空饮料瓶，并对孩子说："1、2、3全打中。"

❸ 将击倒的空饮料瓶重新摆放好，让孩子用玩具球去撞击。

❹ 孩子没有击倒空饮料瓶时，要耐心地教他怎样才能顺利地击倒空饮料瓶。

❺ 当孩子能击倒空饮料瓶时，鼓励他再接再厉。等他能熟练击倒空饮料瓶后可以适当加大难度。

能力游戏4

认识早和晚   🔍

游戏目的 培养宝宝对早和晚的认知能力。

准备用具 无。

参与人数 2人。

游戏玩法

❶ 妈妈要准备"早上""晚上"两张卡片：早上人们在起床、洗漱、晨练；晚上人们在看电视、睡觉。

❷ 妈妈出示起床、洗漱、晨练的图片，请宝宝观察后，问他："这是什么时候？"

❸ 妈妈出示全家人看电视、哄宝宝睡觉的图片，请宝宝认真观察后，问他："这是什么时候？"

❹ 最后，妈妈手拿图片，并问"宝宝，天亮了，要起床了，这是什么时候"，让宝宝回答"早上"。

❺ 妈妈继续提问"月亮出来了，妈妈要哄宝宝睡觉了，这是什么时候呢"，请宝宝回答"晚上"。

2 岁 6 个月宝宝生长发育记录

项目	您的宝宝	男（均值）	女（均值）
体重（千克）		13.3	12.7
身高（厘米）		91.9	90.7
头围（厘米）		48.9	47.9
胸围（厘米）		50.3	49.2
出牙情况（颗）		16～20（20颗乳牙基本出齐）	

宝宝的特点

- 宝宝走路很稳，能单独上下楼梯，并能从台阶上往下跳。

- 宝宝已经认识了常见的交通工具，并能识别动物特征。

- 宝宝会自己用勺子将碗中的食物吃干净；会自己穿短裤、短袜；会自己穿鞋，但不分左右脚。

- 宝宝能和其他小朋友一起玩，能离开家长半小时到一小时。

第18章

2岁7个月~
3岁的宝宝

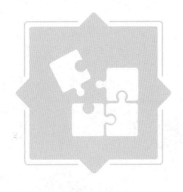

身心特点

喜欢有玩伴

宝宝与玩伴在一起时会感到快乐，可以无拘无束地交往，他们在一起相互观察，模仿彼此的语言和行为，也能产生关心和同情同伴的举动。同伴哭时宝宝会去安慰他，为他揩眼泪，同伴跌倒了会上前扶起并表示同情。宝宝会在交往中学习分清是非，知道"对"与"不对"、"好"与"不好"，逐步建立与同伴之间的友好关系。

具有丰富的想象力和思考能力

宝宝在3周岁左右，好奇心和想象力会越来越丰富。在这个时期，宝宝会经常编造不存在的事情，但宝宝的谎言并没有恶意，也并非是故意的，只是因为他不能正确区分空想和现实从而语无伦次。想象力的丰富代表着智力正在发育，好奇心和想象力是创造力的基础，因此当宝宝兴致勃勃地编造故事时，不能盲目地嘲笑，而要认真地听宝宝的故事，并且用适当的语言鼓励宝宝发挥想象力。

开始对性器官感兴趣

从3周岁开始，宝宝就会对性产生兴趣，经常依偎在自己喜欢的人身上，并喜欢通过身体表达自己的爱，还会关心对方并摸对方的身体。就像关心鼻子、眼睛、嘴等身体部位一样，宝宝喜欢摸性器官，这仅仅是由单纯的好奇心引起的。宝宝从3周岁开始，通过抚摸性器官，会感觉到某种快感，因此可能会有意识地刺激性器官。

在这个时期，家长不需要盲目制止这种行为。如果严厉地责骂，或者强迫宝宝停下来，那么单纯的好奇心反而容易向坏的方向发展，大人越是反对，宝宝就越喜欢偷偷地摸自己的性器官。不要经常吓唬宝宝，否则很容易加重宝宝的恐惧感和罪恶感。

家长要尽力转移宝宝的注意力，减少宝宝抚摸性器官的机会。在宝宝抚摸性器官的时候该告诉他们"那里是非常重要的地方，如果经常摸就容易感染，会让你感到痛的"，然后给宝宝别的玩具，或者带宝宝到游乐园玩耍，自然地把宝宝的注意力转移到其他地方。

喜欢模仿成人的言行

由于语言能力的发展和独立能力的增强，接触他人的机会增多，宝宝对成人的劳动会产生极大的兴趣，因此他们非常喜欢模仿成人的言行，照成人的样子学着帮助成人做些小事，如将手帕叠好放在口袋里、睡觉前将脱下的鞋袜放在固定的地方、帮助成人拿报纸等，喜欢做了事后得到成人的赞扬。

不强迫孩子打招呼

如有客人到访，孩子躲在房间里不出来，不与客人打招呼，父母不要非把孩子拉出来跟客人问好，否则孩子容易产生逆反心理。

孩子不愿意与人打招呼必然是有原因的，比如孩子很害羞，认为客人是父母的客人，与自己没关系。父母需要做的是引导孩子去跟客人打招呼，如果孩子实在不想打招呼，也不应该强迫他，等到他愿意时再打招呼。如果孩子一直不愿打招呼，可以等他心情不错的时候告诉他"这是应有的礼貌，你去别人家做客，也希望他能够热情欢迎你啊"，让孩子设身处地地想一想，帮助他理解打招呼的含义。

喂养要点

健脾和胃的饮食方

胃是消化系统的主要脏器，胃功能强的宝宝身体抵抗力强，不易生病。脾胃虚弱的宝宝特别容易感冒，表现为面色萎黄、眼袋青暗、鼻梁有"青筋"、身材瘦小、食欲减退、睡眠不安，还常腹泻。

健脾养胃的食物

有健脾养胃作用的食物有大米、小米、薏米、玉米、黄豆、赤豆、莴笋、冬瓜、胡萝卜、山药、南瓜、番茄、芋头、香菇、苹果、芒果、香蕉等。

这样补更有效

1. 将菠菜、卷心菜、荠菜等切碎，放入米粥内同煮，做成各种美味的菜粥给宝宝吃，可以促进宝宝肠胃蠕动，加强消化，并且不会给宝宝的肠胃带来负担。

2. 夏季不要让宝宝吃过多冰冷食物，以免增加脾胃负担。

辅食的保存期限

未处理的食材

最佳保存时间：萝卜和胡萝卜 1~2 周，茄子和油菜 3 天，黄瓜 3~5 天，卷心菜 7~10 天，番茄 4 天，南瓜 5 天，黄豆芽 3 天，西蓝花 4~5 天。

做好的辅食

最佳保存时间：冷冻可保存 5 天。

水果

最佳保存时间：冷藏可保存 3~5 天。

用保鲜袋装的肉类

最佳保存时间：冷藏可保存 1~2 天，冷冻可保存 10 天左右。

处理后的海鲜

最佳保存时间：若放在冷冻室里，去刺鱼肉可保存 6~8 周，海鲜可保存 4 周。

🥣 肉汤

最佳保存时间：冷藏可保存 1~2 天，冷冻可保存 7~10 天。

🥣 贝壳类

最佳保存时间：冷藏可保存 3~4 天，冷冻可保存 1 个月。

宝宝上火如何调理

1. 每天多喝水，多摄取富含膳食纤维的食物，还可以适当多吃一些能清火利尿的食物；配方奶最好坚持吃到 3 岁，3 岁后可喝鲜奶、谷物奶等。

2. 银耳、杏仁、蜂蜜等不仅含有优质蛋白质和脂类，还有软便润肠的作用，可将银耳煮软、剁碎后做成甜羹给宝宝食用，也可将杏仁磨碎，加点儿燕麦、葡萄干，用水冲泡后给孩子当饮料喝，或将蜂蜜涂在水果上给宝宝食用。

3. 控制宝宝的零食，尽量让宝宝少吃油腻、辛辣等容易上火的食物，给宝宝的食物应避免采用油炸、烧烤等烹调方式。

宝宝饮食过于精细反而不好

太精细的粮食会造成某种或多种营养物质的缺乏，长期食用易引发一些疾病。因此，粗纤维食品对宝宝来说是不可缺少的。经常吃一些粗纤维食物，如芹菜、油菜等蔬菜，能促进咀嚼肌的发育，并有利于宝宝牙齿和下颌的发育，能促进肠胃蠕动，提高胃肠消化功能，防治便秘，还具有预防龋齿和结肠癌的作用。妈妈在给宝宝做粗纤维含量高的饮食时，要做得软、烂，以便于宝宝咀嚼、吸收。

警惕那些含糖量高的食物

一般情况下，糖的适当摄取量为不超过全天碳水化合物总摄入量的 10%，按此要求，不满 1 岁的宝宝，一天不能摄入超过 18.8 克的糖；1~3 岁的宝宝，一天不能摄入超过 30 克的糖。

但实际上，1/2 杯的冰激凌里就含有 14 克糖，1 大勺番茄汁里含 4 克糖，3 小块巧克力里含有 10 克糖。而且，减肥可乐、无糖饮料也不能让人完全放心，这类饮品一般都使用甜味素来显出甜味，对宝宝健康不利，要多加警惕。

食用天然带有甜味的蔬果

做菜时，可以使用带有甜味的菜或水果代替白糖。例如，将洋葱做熟了，会有很强的甜味，猕猴桃和梨也都有一定的甜味。

护理要点

宝宝说脏话怎么办

爸爸妈妈听见宝宝说第一句脏话时，多半会感到震惊："从哪儿学来的？"在宝宝说第二句、第三句后，或会动辄教训，或会无可奈何。然而要想解决问题，找到宝宝说脏话的原因并对症下药才是关键。

宝宝说脏话来源于模仿

宝宝往往没有分辨是非、善恶、美丑的能力，还不能理解脏话的意义。如果在他所处的环境中出现了脏话，无论是家人还是外人说的，都能成为宝宝模仿的对象。宝宝会像学习其他本领一样，学着说并在家中"展示"。如果爸爸妈妈这时不加以干预，反而默许，甚至觉得很有意思而纵容，就会强化宝宝的模仿行为。

几种对策

1. 冷处理。当宝宝口出脏话时，爸爸妈妈无须过度反应。过度反应对尚不能了解脏话意义的宝宝来说，只会刺激他重复说脏话的行为，他会认为说脏话可以引起爸爸妈妈的注意，所以冷静应对才是最重要的处理原则。不妨问问宝宝是否懂得这些脏话的意义，他真正想表达的是什么，也可以假装没听见，慢慢地宝宝觉得没趣自然就不说了。

2. 解释说明。解释说明是向宝宝传递正面信息、清除负面影响的好方法。在和宝宝讨论的过程中，应尽量让他理解粗俗不雅的语言为何不被大家接受。

3. 正面引导。爸爸妈妈要细心引导宝宝，教他换个说法试试。爸爸妈妈要随时提醒宝宝，告诉他要克制自己，不说脏话，做个有礼貌的好宝宝。

温馨提示

引导宝宝对他人表示好感

应积极培养宝宝对其他小朋友表示好感，可以问宝宝"你是喜欢别人表扬你，还是喜欢别人批评你呢"，让宝宝了解，适时地向别人示好，胜过批评、嘲笑别人。

适当规劝和惩罚

🔖 规劝

案例：与同伴吵架、抢夺玩具……

方式：放下手边的事情，走到宝宝身旁，让宝宝知道你正在注意他。询问宝宝争执、吵架的原因，并听完宝宝的想法。告诉宝宝打人、抢夺玩具是不正确的行为，并要求宝宝学习说"请""谢谢""对不起"。

建议：不要用很大的声音去压制宝宝，言语间要避免伤害宝宝的自尊心。

🔖 没收心爱的东西

案例：吵闹不休、乱丢东西、不收拾玩具……

方式：放下手边的工作，走到宝宝身旁，让宝宝知道妈妈正在注意他。告诉宝宝将乱丢的物品收好，停止吵闹，否则将受到惩罚。

建议：让宝宝说出为什么犯错，以及妈妈生气的理由。

呵护好宝宝的嗓音

🔖 不要让宝宝长时间哭喊

要想做到早期保护嗓音，就要正确对待宝宝的哭。哭是宝宝的一种运动，也是一种情感需要的表达方式，所以不能不让宝宝哭，但也不能让宝宝长时间地哭。长时间地哭或喊叫，会造成声带的边缘变粗、变厚，容易使嗓音沙哑。

🔖 不要让宝宝长时间讲话

每次讲话后，都应让宝宝休息一段时间，喝口水。在嘈杂的环境中应尽量让宝宝少讲话，以免宝宝需要大声喊叫才能让对方听见。

宝宝长时间说话后，不宜立即喝冷饮，以免宝宝的声带黏膜遭受局部性刺激而导致声音沙哑。

让宝宝更聪明的认知训练

大动作能力训练

🔆 能力特点

　　3岁宝宝的运动能力非常强，由于运动量大，宝宝的肌肉非常结实、有弹性。此时的宝宝能双脚交替上下楼梯，半分钟能跑30米，能双脚离地跳、向下跳、向前跳，还能跨过30厘米高的障碍物。

　　现在，宝宝已经具备良好的平衡能力，并会拍球、抓球和滚球，能接住反弹球，并能摆弄一些大纽扣、按扣和拉链。

🔆 训练要点

　　宝宝已经能踩出步伐，并且平衡能力也有了很大的进步，因此可以让宝宝适当学习一点儿舞蹈。此时更多的是培养孩子的节奏感，舞蹈动作不会很准确。学习舞蹈还能培养宝宝的乐感，让宝宝听音乐熟悉节奏的变化，随着节拍自己舞动起来。旋转、单腿站立和跳跃等简单的舞步，对宝宝的右脑发育有很大的作用。

精细动作能力训练

🔆 能力特点

　　接近3岁的时候，宝宝能画一些简单的图形，可以完整地画出人的身体结构，虽然比例不协调，但基本位置可以找准了。部分宝宝可以用剪刀剪开纸张了，还能把馒头或面包一分为二。

🔆 训练要点

　　继续通过搭积木、拼图、剪纸等游戏来锻炼手的灵活性。这一阶段，难度可以加大一些。在玩的时候，父母可以先给孩子做示范，让孩子模仿动作，然后再让孩子自己操作。当孩子取得成绩时，父母要及时予以表扬。

语言能力训练

能力特点

　　3岁的宝宝，基本上掌握了母语口语的表达方法。幼儿语言表达能力的发展是循序渐进的。3岁以前的语言表达基本上是对话形式，或回答父母提出的问题，或向父母提问，创造性的语言独白很少。但是，随着宝宝独立性的发展，对世界认知能力的提高，独立表达自己意愿的需求开始出现并日益强烈，宝宝语言独白的能力也就随之不断提高了。

训练要点

　　抓住这一语言发展的有利时机，教宝宝学习用完整的单句讲话，以提高口语表达能力。要训练宝宝把简短、成分不全、意思不明确的电报句子扩展成完整的简单句，将颠倒的次序排列正确，比如当宝宝说"妈妈，睡觉"时，大人就应教他说"妈妈，我要睡觉"。

数学能力训练

能力特点

　　这时候的宝宝，有了简单的数学计算能力，要及时培养宝宝对数字的理解力，让宝宝可以根据成人的语言指示，数出或比较物体的数量。

训练要点

　　2～3岁这个年龄段是宝宝计数能力发展的关键期，爸爸妈妈在生活中要多对宝宝进行"数量与数字的累积"教育，让宝宝数生活中一切能数的东西，比如上楼梯时让宝宝数台阶，逛超市时让宝宝数一下买了几样东西，等等，培养宝宝对数与量的理解能力，也可以和宝宝玩排数字的游戏，比较东西的多少，让宝宝自己去看。

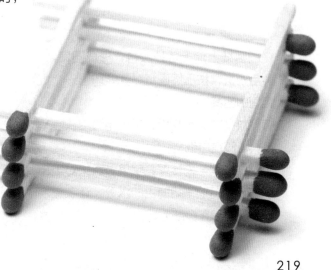

亲子游戏

能力游戏1

印花 🔍

游戏目的 培养宝宝的创造力和审美意识。

准备用具 图画纸、海绵块、水彩颜料、蔬果等。

参与人数 2～3人。

游戏玩法

1. 在图画纸上涂上各种颜料，形成图案，然后对折，按压图画纸，就能印出一个相同的图案。

2. 把颜料挤在调色盘里，然后用海绵块蘸颜料，印在白纸上。

3. 妈妈将莲藕、马铃薯、苹果等蔬果对半切开，然后擦干切面上的水分，让宝宝蘸上颜料印在白纸上。

能力游戏2

看图讲故事 🔍

游戏目的 锻炼宝宝的记忆力、观察力等。

准备用具 纸、笔。

参与人数 2～3人。

游戏玩法

1. 家长打开书，先让宝宝自己观察，说出他观察到的画面，家长再引导宝宝观察。

2. 让宝宝根据家长的引导，再次描述自己观察的内容。家长根据画面讲故事。

3. 翻到下页后，家长把询问前一页图书内容当作重点，让宝宝回答。然后再按照上述步骤讲解新的故事。

身体游戏

平衡木　🔍

游戏目的　锻炼宝宝的平衡能力。

准备用具　8 块砖头、15 厘米宽的木板。

参与人数　2～3 人。

游戏玩法

❶ 在地板上，按一定间隔摆放 8 块砖头，然后再在摆好的砖头上放木板，搭成一个简易的平衡木，鼓励宝宝在上面来回走动。

❷ 刚开始，爸爸妈妈可以拉着宝宝的一只手带着宝宝走，训练几次后，再让宝宝单独走。

美术游戏

吹颜料　🔍

游戏目的　提升注意力和耐力，提高肺活量。

准备用具　颜料、清水、白纸。

参与人数　2 人。

游戏玩法

❶ 用清水稀释颜料，并滴在白纸上，用嘴吹颜料。

❷ 鼓励宝宝往一定的方向吹颜料，吹出各种图案。

专题 2~3岁宝宝的成长印记

检查日期:_____年____月____日

体重: ____ 千克　　**身高:** ____ 厘米　　　**血红蛋白:** ____ 克/升

1. **您的宝宝喜欢吃很咸的菜吗?**　　　　　　　　　□ 是　　　　□ 否

   吃盐过多容易导致成人期高血压等心脑血管疾病的发生。宝宝吃饭提倡越清淡越好。

2. **您的宝宝经常刷牙、洗手吗?**　　　　　　　　　□ 是　　　　□ 否

3. **您的宝宝准备上幼儿园吗?**　　　　　　　　　　□ 是　　　　□ 否

   请您做好以下入园准备:

   (1)经常讲一些幼儿园的故事,让宝宝对幼儿园产生向往,切忌用上幼儿园吓唬宝宝。

   (2)经常带孩子到附近的幼儿园,看幼儿园里的孩子活动,使宝宝逐渐熟悉幼儿园的环境。

   (3)宝宝应具备一定的生活自理能力,比如会自己吃饭、上厕所,能和小朋友正常交往,等等。

   (4)鼓励宝宝在需要帮助时向老师寻求帮助。

   (5)做好入园体检,因幼儿园中宝宝们接触密切,一旦出现传染病就会迅速蔓延。因此,宝宝如患有急性传染病,应暂缓入园。

4. 您的宝宝能两脚交替上下楼梯吗？　　　□ 能　　　□ 不能

5. 您的宝宝能唱完整的儿歌吗？　　　　　□ 能　　　□ 不能

6. 您的宝宝能认识 1~2 种颜色吗？　　　　□ 能　　　□ 不能

7. 您的宝宝能用蜡笔画圆吗？　　　　　　□ 能　　　□ 不能

8. 您的宝宝能自己洗手并擦干吗？　　　　□ 能　　　□ 不能

您可以这样做：

教宝宝说复杂的句子，鼓励宝宝用语言表达自己的愿望。

通过不同途径，教宝宝辨认红、黄、蓝、绿、黑、白等颜色。

在这 1 年中，您在育儿方面有哪些心得，请记录下来：

3 岁宝宝生长发育记录

项目	您的宝宝	男（均值）	女（均值）
体重（千克）		14.3	13.9
身高（厘米）		96.1	95.1
头围（厘米）		49.5	48.5
胸围（厘米）		50.8	49.8

宝宝的特点

- 宝宝能画出一些简单的图形，并能完整地画出人体的结构。

- 宝宝可以根据物体的形状和颜色进行分类。

- 宝宝基本掌握了母语口语表达方法。

- 到了 3 岁左右，宝宝对周围的事物基本都已经了解了，日常的对话也非常流利。

- 3 岁的宝宝喜欢自己穿脱衣服、叠被子，尽管不太熟练，但这种意愿很强烈。

- 宝宝乐于助人：妈妈扫地，他就去拿簸箕；爷爷拿起报纸，他就会送来眼镜。

- 宝宝听到大人夸奖，会变得很开心；受到批评时，也会知道自己做错了。

第19章

3~4岁
的宝宝

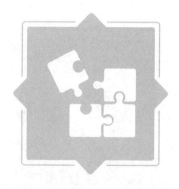

身心特点

学习按指令行动，生活自理能力增强

这阶段的宝宝有一个显著进步，就是逐步摆脱了以自我为中心的习惯，会学习按指令行动。在成人的帮助下，他们获得了许多日常生活、游戏和学习活动中必需的能力。

行为明显受情绪支配

这阶段的宝宝行为开始明显受情绪支配，他们的情绪仍然很不稳定，容易冲动，常会为了一件小事大哭大闹，但较之2岁的宝宝，他们已开始产生调节情绪的意识，只是在实际行动上尚不能真正控制。

对他人情绪反应的敏感性增强

这阶段的宝宝情感能力有了很大的发展，他们开始能站在他人的立场感受情境，理解他人的感情。他们对别人的意见、别人感情的反应敏感性增强，当做错事受到成人的批评时，会感到害羞、难为情。在羞耻感的体验和表现上，女孩较男孩更为明显。羞耻感的出现，为宝宝遵守集体规则提供了动力基础。

开始认同、接纳同伴与教师

这阶段的宝宝社会交往范围有了很大的拓展，从家庭成员扩展到老师和同伴。宝宝与同伴一起玩的意识加强，逐步学会和同伴分享玩具。此时的宝宝也爱管同伴的事，经常把同伴的事告诉家长。

动作的协调性增强

这阶段的宝宝喜欢跑、跳和推小轮车等，动作开始协调，逐步学会自然地、有节奏地行走，但尚无法控制在一定时间内持续做某一动作。这阶段的宝宝小手肌肉发育相对较迟缓，但双手协调技能有了较大发展，他们会折纸，会用蜡笔画画，也会使用剪刀有控制地沿线剪，动作逐步精细化。

有强烈的好奇心

这阶段的宝宝对周围世界有浓厚的兴趣，对新鲜事物有强烈的好奇心，喜欢向成人提出各种各样的问题，虽然这些问题十分浅显、幼稚，但对他们理智感、求知欲的发展有极大的启迪作用。

已形成与生活经验有关的概念

这阶段的宝宝行动自如，认知范围扩大，逐步形成了一些与生活经验相联系的实物概念，但此时宝宝的概念很具体，只是特指某件事物。在操作摆弄物品时，宝宝逐渐认识了一些事物的属性，如大小、长短、多少、简单形状等。宝宝会做10以内的口头数数，但还不能做到手口一致。

模仿性强

这阶段的宝宝爱模仿的特点非常突出，模仿是这一时期宝宝的主要学习方式，他们通过模仿掌握别人的经验，获得良好的行为习惯。

能用简单语言表达自己的感受与需要

这一阶段是宝宝语言发展的飞跃期，他们基本掌握本地区语言的全部语音，但在实际说话时发音还不够准确。同时，他们的词汇量增加得也很快，尤其是实词增长更为迅速。这时的宝宝特别爱听故事，常常缠着父母在空闲时间讲，还喜欢一边听，一边学故事中小动物有趣的动作和叫声。

产生了美术表现的愿望

这阶段的宝宝美术能力的发展由涂鸦期进入象征期，他们产生了美术表现的意愿，会把线条、图形简单地组合来表现事物的大致特征。他们作画时，常常边画边用语言来补充画面内容。这阶段的宝宝在绘画、构造活动中，愿意尝试各种新材料，展示熟悉物体的粗略特征。他们偏爱鲜艳、饱和的色彩。

喜欢音乐表现，能唱简单歌曲

这阶段的宝宝喜欢学唱歌，尤其会对那些富有戏剧色彩、情绪热烈的歌曲产生很大的兴趣，会反复地跟着唱。这一时期的宝宝一般都能唱几首简单的歌曲，有的甚至会即兴哼唱一些自己编的旋律和短句，自编的歌曲曲调往往带有很强的模仿性。

喂养要点

注重保持健康体重

1. 多喝鲜榨果汁和水，少喝甜饮料。不给宝宝喝可乐、雪碧等碳酸饮料，这些饮料热量高、含糖多，喝多了容易发胖。另外，碳酸饮料会盗取宝宝身体里的钙。

2. 均衡饮食，既要吃肉，也要吃蔬菜。要培养宝宝什么都吃的好习惯。

3. 少食多餐。妈妈不要太宠溺宝宝，看到宝宝喜欢吃什么就无限量地给宝宝吃，以免把宝宝的胃撑大了，宝宝吃得更多。一般在两顿饭的间隔时间，可以让宝宝吃些水果，以免吃正餐时，宝宝因饥饿而吃得更多。

4. 不要边看电视边吃饭。边看电视边吃饭容易导致吃得过多，要调动宝宝吃饭的积极性，养成定时吃饭的好习惯。

食物要具有多样性

为了宝宝身体的均衡发育，应均衡、充分地摄取营养。要均衡摄取米饭、蔬菜、水果、肉类、牛奶、鸡蛋这六类食物，如果一次性难以摄取这六类食物，应通过合理搭配一日三餐和零食来补充。

饮食清淡，少油、少盐、少糖

宝宝现在可以吃大人的饭菜了，但最好不要喂咸、辣的饭菜。经常喂咸的食物会让宝宝习惯口味重的食物，以至于长大后只喜欢咸的食物，对健康不利。

此外，宝宝的饮食要少油，否则宝宝容易抗拒吃饭。高糖饮料含糖量较高，宝宝如果常喝不仅容易长胖，还容易不肯喝其他补充水分的饮品。其实，最好的饮料是白开水。

零食的安排要科学健康

1. 宝宝非常适合食用含优质蛋白质、脂肪、糖、钙等营养素的各种奶及奶制品，如酸奶、奶酪和纯鲜奶等，这些可用来作宝宝每天的零食。纯鲜奶可在早上和晚上临睡前喝，果味酸奶和奶酪适合用作两餐之间的加餐。

2. 水果中含有丰富的糖、维生素和矿物质，宝宝多食能促进食欲，帮助消化。可在每天的午餐和晚餐之间给宝宝吃，但一定要选用新鲜、成熟的水果。不成熟的水果会刺激宝宝的胃肠道，容易引起腹泻、腹胀等不适。

3. 用谷类制成的各种小点心可补充热量，应在每天上午的加餐中给宝宝吃，但不能给得太多，也不要在马上吃正餐前给宝宝吃，以免影响宝宝吃正餐时的胃口。

4. 饭后可给宝宝吃些山楂糕、果丹皮等开胃的小点心，可促进消化，让宝宝保持好胃口。

忌在吃饭时训斥宝宝

有些做父母的，得知自己的宝宝与其他宝宝吵闹、打架惹祸，或是宝宝把家里搞得一团糟时，会在饭前训斥或骂宝宝，弄得宝宝不是愁眉苦脸，就是抽泣嚎哭，殊不知这样做对宝宝有很大害处！

1. 宝宝边哭边吃，饭粒、碎屑和水很容易在抽泣时跑到气管里。

2. 本来宝宝在受到训斥前食欲旺盛，但突然受到大人责备这一强烈的外界刺激，就可能使食欲消失，唾液分泌骤减，甚至停止。这时，宝宝吃的饭不能与唾液充分混合，食团不润滑，尤其是吃坚硬、粗糙的食品时，很容易划破食道，破坏胃肠壁黏膜层，引起炎症。

3. 食物吃进口中，须经消化液分解成极

细微的颗粒，才能被肠壁吸收。由于大脑神经的指挥，每当就餐前，消化腺就开始分泌消化液，如果这时候突然受到大人的训斥，那么本来已出现的强烈食欲和建立起来的兴奋，就会受到抑制，导致消化液分泌大减，引起消化不良。长此以往，就会形成条件反射，宝宝一上饭桌就准备挨骂，对身心健康极为不利。

所以，在这里奉劝爸爸妈妈们不要把餐桌当作教育宝宝的场所，应让宝宝轻松舒畅地吃饭。

从小养成吃好早餐的好习惯

现在，很多成年人不吃早餐或用甜食来应付，这样是很不好的。在宝宝3~6岁期间，一定要重视吃早餐。不吃早餐或午餐暴食，容易引起宝宝消化能力降低，增加胃肠压力，而且还容易引起肥胖。相关研究表明，早上处于空腹状态时，机体会缺乏活动热量，从而影响宝宝的发育。所以，宝宝从小就要养成吃早饭的好习惯。

护理要点

培养宝宝的自理能力

1. 幼儿园老师虽然会在宝宝刚入园时喂宝宝吃饭，但毕竟宝宝比较多，常有照顾不到的地方，所以宝宝应学会自己用勺吃饭，并要吃饱。

2. 有的宝宝大小便还不能控制，或者还在使用纸尿裤，这就要注意了。在入园前，要让宝宝学会说"我要大便""我要小便"，免得给幼儿园老师增加负担，也避免宝宝受潮湿、不洁之苦。

3. 不会用水杯喝水的宝宝，这时也要加紧训练了。

4. 宝宝在玩耍时，常常会把自己的小手、小脚弄得很脏，如果宝宝不会自己进行简单的清洗，爸爸妈妈需要尽早教会宝宝。

5. 在幼儿园午休后一般需要宝宝自己穿衣服起床，所以也应加紧训练宝宝自己穿脱衣服。

这样应对蛲虫病和蛔虫病

寄生虫病是严重危害幼儿健康的常见病，95% 的宝宝体内都有不同程度的肠道寄生虫，如蛲虫等。

患有寄生虫病的宝宝大多有如下表现：

1. 在宝宝的面部、颈部皮肤上，常有淡白色近似圆形或椭圆形的斑片，上面有细小灰白色鳞屑，即俗称的"虫斑"。

2. 宝宝常喊肚子痛，尤以脐周部位为多，揉按后可缓解。

3. 无明显原因，宝宝的皮肤常反复出现"风疹瘩"。

4. 宝宝夜间容易惊醒、磨牙和流口水。

5. 宝宝吃得多且容易饿，爱吃零食，吃得多却总胖不起来。

6. 宝宝有偏食表现，并好吃泥土、纸张、布头等稀奇古怪的东西。

💡 蛲虫病的防治措施

1. 每天早晨起床，先用热水和肥皂洗屁股，尤其是要清洗肛门四周。

2. 宝宝睡觉时要穿闭裆裤，避免患儿夜里不自觉地搔抓肛周，将虫卵抓到手里。

3. 每晚给宝宝洗净屁股后，在肛门周围涂上蛲虫药膏，这样可杀死在肛门外的雌虫和虫卵，防止自身重复感染。

4. 要教育宝宝养成良好的卫生习惯，饭前便后要洗手。剪短指甲，并在剪过指甲后用流动水和肥皂将手彻底冲洗干净。

5. 改掉不良的卫生习惯，如吃手指、用手抓食、坐在地上玩玩具等。宝宝要单用一套被褥，并经常清洗和曝晒衣物、被褥等。

💡 蛔虫病的防治措施

宝宝在地上爬玩、触摸被污染的玩具后习惯性地将手指放入口中，可将虫卵传入口中，虫卵进入易感者的消化道后发育成蛔虫进而发病。所以，预防蛔虫病要把好入口关。

1. 应对宝宝进行定期检查，发现大便蛔虫卵阳性者，须服药治疗。

2. 养成良好的卫生习惯，饭前便后要洗手，不喝生水，不吃不洁净的食物。

3. 保证家庭饮食卫生，凉菜加工前应认真清洗干净。

4. 教育宝宝，帮助宝宝保持个人卫生，勤剪指甲，勤洗手，不随地大小便。

正确的坐姿训练

宝宝连续坐的时间不宜超过半小时，且要保持正确的坐姿：身体端正，两腿并拢，腰部挺直，两眼平视前方，两臂自然垂放在腿上，这样才不会引起宝宝脊柱变形。

爸爸妈妈应为宝宝提供与其身高相协调的桌椅，桌椅之间的距离以宝宝端坐在椅子上、两肘刚好放在桌面上为宜。还应注意，不要让宝宝坐在较为柔软的沙发或床上看书、看电视，坐时不要让宝宝过多地倚靠垫背。

平时，爸爸妈妈应随时观察并提醒宝宝注意坐姿，保持"三个一"，即眼睛离桌面一尺远，胸离桌面一拳远，手离笔尖一寸远。

正确的走姿训练

正确的走路姿势应是目视前方，上体正直，双臂自然下垂，手指自然弯曲，两臂以肩关节为轴前后自然摆动，下肢动作要协调，抬头挺胸。走路时，不要低头、弯腰，如果经常低头、弯腰、双足向外撇或向里钩，不仅容易造成走路姿势异常，还会影响大脑健康。

正确的站姿训练

收腹、挺胸、抬头、前视、站直，不弯腰，不侧弯，两肩平面对称，两手自然下垂，两足靠拢，自然站立。这种姿势可使胸腔容积扩大、腹腔压力减小，有利于呼吸和血液循环，有利于全身健康。

让宝宝更聪明的认知训练

大动作能力训练

🔹 能力特点

3~4岁的宝宝比较活泼好动，他们能跑善跳，会灵活地抓起东西，垂吊、攀登和连续起跳等需要肌肉耐力的运动也开始可以进行。

🔹 训练要点

通过玩球、爬攀登架、翻单杠等，锻炼宝宝的肌肉耐力。平时不要让宝宝长时间保持同一个姿势，要让宝宝不断变换活动方式，以免肌肉群长期处于紧张状态。

精细动作能力训练

🔹 能力特点

手部的动作更加灵巧，能参与一些简单的劳动、游戏，如叠被子、洗手绢等，生活能够自理。

🔹 训练要点

培养宝宝学习使用筷子的兴趣，可以和宝宝做用筷子夹或拨的游戏，逐渐引导宝宝掌握正确使用筷子的方法。可为男宝宝选择一些可以拆卸和组装的玩具，如拼装车、拼图、变形玩具车等；给女宝宝选择一些布娃娃、塑料娃娃、泥娃娃等，再为娃娃准备不同的服饰，让宝宝根据季节和娃娃的性别给娃娃穿上相应的衣服。

语言能力训练

🔹 能力特点

3岁宝宝能说出自己的姓名、年龄、父母的姓名，还能背诵几首儿歌、简单的唐诗及一些电视上热播的广告词等。此外，这一阶段的宝宝还会出现自言自语现象。

🔹 训练要点

父母平时发音要准确，一旦发现宝宝发音

不准时，要及时纠正。说话声调要柔和，不要为了避免宝宝"唠唠叨叨"而严厉斥责宝宝，造成宝宝不敢说话。坚持以上做法，宝宝的语言能力自然会良性发展。

数学能力训练

💡 能力特点

到了 3 岁，宝宝渐渐有了一些数字概念，开始懂得数字的组成、顺序及实际意义，但 3~4 岁的宝宝大多只能掌握到数字 5。宝宝已经有了简单的逻辑思维，能够运用自己了解的数字、概念及工具构架自己的小世界了。

💡 训练要点

家长可以同宝宝一起数积木。先拿出 5 块积木，一根一根摸着教宝宝数数。过段时间，大人拿出 5 块积木问宝宝"这是几块积木"，宝宝会在摸着积木数完后告诉家长是 5 块。此后，让宝宝从一大堆积木中取出 5 块积木，孩子就能够做到了，而且越来越熟练。

知觉能力训练

💡 能力特点

在这一时期，宝宝的视觉发展依然很迅速，能分清各种基本颜色，如红、黄、蓝、绿等。3 岁半的宝宝对时间概念更加清楚了，能够回忆起一部分故事；能理解相同和不同的概念；想象力发展迅速，想象的内容丰富，但往往会把想象与现实混淆，这与宝宝的辨别能力和生活经验的丰富程度有很大关系。观察力是一个人感知觉发展的最高形式，3 岁左右的宝宝能够持续观察图片的时间只有 5~6 分钟，随着年龄的增长，时间会有所延长。

💡 训练要点

培养宝宝对各种事物的兴趣，教给宝宝丰富的自然、生活和文化知识，引导宝宝遵循一定的规律和线索观察事物；给宝宝讲故事，激发宝宝的想象力。

情绪与社交能力训练

💡 能力特点

在这个时期，宝宝有了较强的独立愿望，对父母的依赖减少了很多。他会与别的宝宝一起做游戏，相互配合，并逐渐认识到并不是所有人的想法都与自己完全一致，每一个伙伴都有独特的性格。

💡 训练要点

父母应教宝宝用商量的语气与伙伴说话，主动、热情地接受小伙伴参与游戏，分享自己的玩具和食品；有意识地扩大宝宝的接触面，让宝宝经常面对陌生的人与环境；创造机会让宝宝尝试表演，鼓励宝宝大胆地展示自己的特长。

亲子游戏

精细动作能力游戏

拍气球 🔍

游戏目的 锻炼宝宝手指的灵活性，发展想象力，将大脑思维想象通过手指的活动变得形象化。

准备用具 剪刀、纸（可以是废旧的彩图杂志）。

参与人数 2～3人。

游戏玩法

1. 让宝宝试着一只手握住剪刀沿纸上的一条线剪，另一只手移动纸，完成后可以在纸上随意剪裁。
2. 让宝宝试着从杂志上裁剪下一幅画。

数学能力游戏

切生日蛋糕 🔍

游戏目的 引导宝宝结合实际生活，建立抽象的数字概念。

准备用具 蛋糕、切蛋糕用的刀具。

参与人数 3人以上。

游戏玩法

1. 在给宝宝过生日的时候，或者在给宝宝吃蛋糕的时候，让宝宝切蛋糕，但是切之前妈妈要告诉宝宝切几块。
2. 大家分享蛋糕时，可以趁机把数字关系解释给宝宝听："我们把蛋糕切成了8块，给了你这8块中的一块，给了妈妈这8块中的另一块，你看看爸爸这里还剩下8块中的6块。"

语言能力游戏

续编故事 | Q

游戏目的 提高宝宝的语言表达能力及想象力。

准备用具 无。

参与人数 2人以上。

游戏玩法

❶ 爸爸或者妈妈可以先给宝宝讲一个故事。例如，有一天，大森林里的小动物在动物乐园里玩，有的滑滑梯，有的坐转椅。忽然小猴子摔倒了……讲到这里，妈妈可以问宝宝："这可怎么办呢？你把它讲下去好吗？"

❷ 宝宝编故事的时候，妈妈应不时地给他提供一些词，帮助宝宝让故事情节发展下去。编完故事，别忘了鼓励宝宝。

情绪和社交能力游戏

节奏和蓝调 | Q

游戏目的 提高宝宝的听觉能力，调节宝宝的情绪，对宝宝社交能力的发展也有一定的促进作用。

准备用具 节奏乐器，如铃、木器、三角铁、鼓等。

参与人数 3人以上。

游戏玩法

❶ 向宝宝及他的朋友展示乐器，连同相似的乐器组成一个"乐队"。

❷ 作为指挥，妈妈可用手指导宝宝，什么时候高亢一点，什么时候应该柔和一点，以及一个乐章什么时候开始或结束。等他们理解后，挑选一个宝宝做指挥。

专题 3~4岁宝宝的成长印记

检查日期：_____年___月___日

体重：___千克　　**身高：**___厘米　　**血红蛋白：**___克/升

1. **您的宝宝上幼儿园了吗?** 　　　　　　□ 上了 　　□ 没上

   您的宝宝上的是哪个幼儿园? 喜欢去幼儿园吗? 送宝宝入园时，您有何感想? 如果愿意，请记录下来：

   ----

2. **您的宝宝会接受 E 字表视力检查吗？** 　　□ 是 　　□ 否

   可用硬纸剪出一个 E 字，告诉宝宝哪里是 E 字的开口，何谓向上、向下、向左、向右，让宝宝伸出右手食指，指出开口方向，先用双眼看，待习惯后再遮盖一只眼。

   如果可能，宝宝应尽早开始定期进行视力检查。

3. **您的宝宝有龋齿吗？** 　　　　　　□ 有 　　□ 没有

   乳牙龋病应及时治疗。

4. **您的宝宝在吃饭前后会摆放和收走碗筷吗？** 　□ 会 　　□ 不会

5. **您的宝宝吃饭好吗？** ☐ 好　　☐ 不好

三四岁的宝宝一天的进食量一般为谷类 150 克左右，肉食 60 ~ 75 克，牛奶 250 克，鸡蛋 1 个，豆制品 25 克，蔬菜 150 ~ 200 克（应包括绿叶菜或橙黄色蔬菜），水果 1 ~ 2 个，糖和油各 10 ~ 15 克。

6. **您的宝宝会自己穿简单的外衣、短裤和鞋吗？** ☐ 会　　☐ 不会

7. **您的宝宝会自己洗脸、刷牙吗？** ☐ 会　　☐ 不会

8. **您的宝宝会与客人打招呼吗？** ☐ 会　　☐ 不会

9. **您的宝宝在得到别人的帮助时，会表示感谢吗？** ☐ 会　　☐ 不会

在这 1 年中，您在育儿方面有哪些心得，请记录下来：

4 岁宝宝生长发育记录

项目	您的宝宝	男（均值）	女（均值）
体重（千克）		16.3	16.1
身高（厘米）		103.3	102.7
头围（厘米）		50.2	49.3
胸围（厘米）		52.3	50.9

宝宝的特点

- 宝宝能跑善跳，会灵活地抓起东西，做垂吊、攀登和连续起跳的运动。

- 宝宝会做一些简单的劳动，如叠被子等。

- 宝宝能说出自己的名字、年龄和父母的姓名，还能背诵几首儿歌。

- 宝宝能分清基本的颜色，理解时间的概念。

- 宝宝开始认识到并不是所有人的想法都和自己的一样。

第20章

4~5岁
的宝宝

身心特点

睡眠

4～5岁的宝宝已经知道什么时候睡觉了，但是往往到了睡觉的时间还想玩，磨磨蹭蹭地不肯上床，并且装出一点都不困的样子。碰到这种情况，爸爸妈妈千万不要以为偶尔一两次没关系而开绿灯。即使宝宝不困，到时也得上床睡觉。如果宝宝睡不着切不可责怪，而应该在旁边和他讲讲话，让他安静下来早点入睡。另外，要让宝宝养成睡觉以前刷牙、排便、自己换睡衣的习惯。

有的宝宝醒来后会不高兴，甚至哭闹。只要没什么不舒服，爸爸妈妈应若无其事、高高兴兴地让宝宝起床。如果宝宝能自己坐起来穿衣，就要表扬几句。这样，宝宝下次醒来后就不会吵闹，并自己穿衣起床了。

穿脱衣

4～5岁的宝宝几乎都能自己脱衣穿衣。如若还不会自己料理，那大概是因为还没有掌

握诀窍吧。遇到这种情况，爸爸妈妈应该好好教宝宝。一般到了这个年龄，宝宝都能辨别手套和鞋子的左右，不会穿错。有的宝宝还能自己穿长筒袜。

这个时期教育宝宝的重要内容是脱下来的衣服应该放整齐，不可乱丢、乱扔，其次是要知道冷热，冷了要能自己加衣服，热了就要脱掉些。至于那些套头的衣服和长筒袜，对于4～5岁的宝宝来讲，只要爸爸妈妈穿给宝宝看看，教教穿脱要领，大多数宝宝慢慢就会了。另外，还要教育宝宝养成脱下鞋袜不乱扔，归拢放整齐的习惯。

手指的技能

4～5岁宝宝的协调性和运用手指的技能基本上已经发育完全，更会照顾自己了，几乎不需要任何帮助就会刷牙并自己穿衣服，甚至会自己系鞋带。因为对手的控制能力越来越强，宝宝对艺术感到更加激动，更加喜欢写和画了，会用一只手按住纸，另一只手拿着铅笔

或蜡笔描绘一个几何图形（如星状或钻石状），会用刷子和手指涂鸦，会捏泥巴，会用剪刀剪纸并用胶水粘贴，会用许多积木搭建复杂的结构。这些活动不仅可以巩固许多已经掌握的技能，也会使宝宝体验到创造的乐趣。在这些活动中获得成功，会增强宝宝的自尊心。

宝宝喜欢模仿写字、绘画

4岁以后，宝宝与同龄小朋友的竞争心理开始出现，自尊心较以往变强，并且对文字、图画的兴趣开始增加，会经常要求学习写字或频繁地模仿大人写字、绘画。因此，如果想要培养儿童的绘画能力，可以从这时开始适当地给予引导和培养。

高质量陪伴让"情感银行"更富有

在史蒂芬·柯维的著作《高效能人士的七个习惯》里，谈到了花时间陪伴家人的重要意义，他把这叫作往情感银行的账户里"存款"。他说，当我们需要影响孩子的行为时，就可以通过"取款"的方式实现目标。我们能否和孩子进行良好的沟通，更取决于我们和他们建立的亲子关系是否密切。

这个比喻很形象，试想如果我们在孩子的"情感银行"里的存款是零或者存款很少，却总想要求孩子这样，要求孩子那样，"情感银行"里没有足够的金额，那么我们的要求怎么能够实现呢？家长对孩子的期望过高，而自己又没有足够的"存款"，就会导致亲子矛盾的产生，怎么说孩子都不听，处处跟自己唱反调。

听完这个例子，你是不是应该尝试着对孩子进行高质量的陪伴，往"情感银行"里存点款了？

喂养要点

与家人同餐

　　4~5岁的宝宝活动范围扩大，能量消耗随之增加，米和面等主食量应增加。宝宝咀嚼食物的能力进一步增强，胃容量也不断扩大，消化吸收能力开始向成人过渡，饮食过渡到普通饭菜，并开始可以与家人同餐，每日饮食安排以"三餐一点"为好。此时，各种食物都可以选用，但仍应注意不可多吃刺激性食物。对钙的需求量仍比较高，可以通过在早餐及睡前饮奶来增加钙的摄入。

不要专为宝宝开小灶

　　家人在一同进餐时，家长最好不要专为宝宝开小灶，也不要由着宝宝的性子任意在盘中挑捡着吃，要让宝宝懂得关心他人、尊重长辈。宝宝的饭菜要少盛，吃多少给多少，随吃随加，这样不仅能避免剩饭造成浪费，还会使宝宝珍惜饭菜，刺激食欲。如果宝宝饭碗里总是堆得满满的，不但让宝宝发愁，影响食欲，而且会使宝宝感到饭菜有的是，从而不懂得珍惜和节约。

晚饭后最好喝点酸奶或吃些水果

　　睡觉前不能吃点心，可以让宝宝在晚饭后喝点酸奶或吃些水果。当宝宝养成晚饭后刷牙的习惯以后，如果宝宝在睡觉前还闹着要吃零食的话，可以用"已经刷完牙啦"去回答他，这样宝宝可能就会控制住自己。

	星期一	星期二	星期三	星期四
早餐 （8：00）	小米粥 25 克 面包 40 克 洋葱炒鸡蛋 100 克	香菇疙瘩汤 50 克 馒头 25 克 炒空心菜 100 克	三鲜水饺 30 克 玉米羹 50 克 蒜泥蚕豆 100 克	蔬菜煎饼 40 克 干煸四季豆 50 克 胡萝卜拌莴笋 50 克
加餐 （10：00）	牛奶 200 毫升 饼干 15 克	苹果 100 克 饼干 25 克	牛奶 200 毫升 饼干 25 克	牛奶 200 毫升 蛋糕 20 克
午餐 （12：00）	米饭 75 克 番茄炒豆腐 100 克 蘑菇油菜炒肉片 120 克	面条 75 克 青椒炒猪肝 100 克 小白菜冬瓜汤 100 克	米饭 75 克 炒蛋菜 100 克 白菜豆腐汤 1 小碗	馒头 75 克 蘑菇炖鸡 100 克 菠菜炒鸡蛋 100 克
加餐 （15：00）	橘子 100 克 面包 50 克	牛奶 100 毫升 面包 40 克	水果沙拉 100 克 面包 40 克	橘子 100 克 点心 40 克
晚餐 （18：00））	馒头 75 克 红烧带鱼 50 克 炒西蓝花 50 克 莴笋汤 100 克	米饭 75 克 糖醋排骨 50 克 山药菠菜汤 100 克	馒头 75 克 海米冬瓜 100 克 干烧鲤鱼 100 克	米饭 75 克 西芹百合 100 克 竹笋肉羹 100 克
加餐 （21：00）	酸奶 150 克	酸奶 150 克	酸奶 150 克	酸奶 150 克

	星期五	星期六	星期日
早餐 （8：00）	小笼包 50 克 油菜炒鸡蛋 100 克	鲜虾烧卖 100 克 五香豆腐丝 80 克	三明治 75 克 猪肝瘦肉粥 50 克 油菜蛋羹 50 克
加餐 （10：00）	牛奶 200 毫升 香蕉 1 根	牛奶 200 毫升 面包 30 克	牛奶 200 毫升 苹果 1 个
午餐 （12：00）	花卷 75 克 腐竹烧肉 100 克 凉拌豇豆 100 克	米饭 75 克 凉拌豇豆 100 克 虾味鸡 100 克	枣花卷 50 克 红烧牛肉 100 克 丸子烧白菜 100 克
加餐 （15：00）	橘子 100 克 饼干 40 克	苹果 1 个 饼干 40 克	橘子 100 克 饼干 40 克
晚餐 （18：00）	米饭 75 克 炒三色肉丁 100 克 苦瓜排骨汤 100 克	馒头 75 克 腐竹烧肉 100 克 胡萝卜牛肉汤 100 克	米饭 75 克 豆芽炒肉丝 100 克 鱼丸豆腐汤 100 克
加餐 （21：00）	酸奶 150 克	酸奶 150 克	酸奶 150 克

244

护理要点

如何应对宝宝赖床

🥚 家长应做好榜样

有些家长在宝宝就寝时间一到，就急着赶宝宝上床睡觉，自己却还在看电视或忙东忙西的。爸爸妈妈的这种做法会让宝宝有"孤单"或"不公平"的感觉，而且宝宝会有"为什么只有我要去睡觉"的疑问，加上宝宝对成年人的活动充满好奇，睡觉的意愿自然就不强烈了。

所以，到了睡觉时间，全家人最好都能暂停进行中的活动，帮助宝宝营造睡前的气氛。

🥚 控制宝宝午睡时间

宝宝睡午觉的时间不宜过长，也不要在接近傍晚时才让宝宝睡觉。幼儿园的午休时间通常是在 13～14 点。如果让宝宝在下午睡得太久或太晚午睡，宝宝很容易在晚上变成精力旺盛的"小魔鬼"，等他筋疲力尽入睡后，隔天早上势必又得花一番工夫才能把他叫起来，所以最好控制好午睡时间，不要睡得太久。

🥚 安抚好宝宝的情绪

宝宝有时会因为身体不适或情绪上的不稳定而影响睡眠，由于身体状况比较容易观察，因此爸爸妈妈应多留意情绪上的问题。

有些宝宝年纪小，表达能力不是很好，如果在幼儿园或生活中受到挫折，不懂得该如何表达，再加上父母没有多加留意，宝宝的情绪可能就会间接反映在宝宝的睡眠品质上。在遇到类似的情形时，要多跟宝宝聊天，找出症结所在。

宝宝怕黑怎么办

"怕黑"出自人类对未知的恐惧。如果宝宝因怕黑而不敢睡觉，甚至因此而做噩梦，不妨在宝宝的房间里添置一盏小台灯。

一般来说，小台灯有很多可爱的造型，可以让宝宝挑个自己喜欢的卡通造型台灯，睡觉时有可爱的台灯散发着微弱的光芒陪伴着他，会让宝宝安心不少。

另外，爸爸妈妈也可以在熄灯就寝前和宝

宝玩手影游戏，让宝宝知道在暗暗的时候，通过光线和手势的变化，影子可呈现各种不同的面貌。这个好玩的游戏可以有效帮助宝宝克服怕黑的心理。

谨防宝宝餐具中的铅毒

铅是目前国际公认的致癌有毒物质。铅污染对宝宝的危害往往是潜在的，在产生中枢神经系统损害前，往往因缺乏明显和典型的表现而被忽视。更严重的是，铅对中枢神经系统的毒性作用是不可逆的。当宝宝体内的血铅水平超过 1 毫克 / 升时，就会对智力发育产生不可逆转的损害。

在生活中，宝宝的餐饮用具除应注意清洁、消毒外，还应避免使用表面图案艳丽夺目的彩釉陶瓷和水晶制品，尤其不宜用其来长期贮存果汁类或酸性饮料，以免铅毒暗藏"杀机"，损害身体。

饮食方面，要多给宝宝吃一些大蒜、鸡蛋、牛奶、水果、绿豆汤、萝卜汁等，对减除铅污染的毒害有一定的益处。

做好宝宝视力保护措施

为了使宝宝的视力正常发育，父母应采取如下措施：

🔆 关注室内光线

宝宝的卧室、玩耍的房间，最好是窗户较大、光线较强，朝南或朝东南方向的房间。不要让花盆、鱼缸或其他物品影响阳光照入室内。

宝宝房间的家具和墙壁颜色最好是柔和的淡色，如浅蓝色、奶油色等，这样可使房间光线明亮。如果自然光线不足，可采用人工照明来补足。

人工照明最好选用日光灯，用一般的灯泡照明时，最好能装上乳白色的圆球型灯罩，以防止光线刺激眼睛。

🔆 控制宝宝看电视的时间

宝宝每周看电视最好不多于两次，且每次不超过 15 分钟。电视机荧光屏的中心位置应略低于宝宝的视线。眼睛与屏幕的距离一般以 2 米以上为佳，且最好在座位的后面安装一个 8 瓦的小灯泡，这样可以缓解宝宝看电视时眼睛的疲劳。

营养与锻炼对视力也有影响，要供给宝宝富含维生素 A 的食物，如水果、深色蔬菜、动物肝脏等。经常让宝宝进行户外活动和体格锻炼，也有助于消除宝宝的视力疲劳，促进视觉发育。

🔆 注意宝宝看书、画画的姿势

看书、画画时要注意保持正确的坐姿，宝宝眼睛与书的距离应保持在 33 厘米左右，不能太近或太远。切忌让宝宝在躺着或坐车时看书，给宝宝看的书字号不要太小，避免造成宝宝眼睛疲劳。

让宝宝更聪明的认知训练

大动作能力训练

能力特点

现在，宝宝已经具有接近成人的协调感和平衡感。你能看到宝宝自信地以大而有力的步伐走和跑，不扶栏杆上下楼梯，踮脚站立，在一个圆圈中转或来回蹦跳。宝宝的肌肉力量也强得足以完成一些有挑战性的任务，如翻筋斗和立定跳远等。

训练要点

在这一阶段，宝宝的运动功能进一步完善，可以让宝宝进行跑跳、灵活地抓东西、跳绳、溜冰、攀登和连续起跳等需要肌肉耐力的运动。随着手部活动日趋熟练，可以让宝宝做一些简单的家务劳动和游戏。这时的宝宝骨骼尚未定型，适量的运动可以使骨骼得到充分的血液供给，促进其发展。

精细动作能力训练

能力特点

4~5岁的宝宝对手的控制能力越来越强，可以用一只手按住纸，另一只手拿铅笔和蜡笔画画，能够画出人体的 7 个部位，能用刷子和手指涂鸦，还可以用许多积木搭建一个较为复杂的结构。

训练要点

这时的宝宝喜欢帮助妈妈做家务，很多事情已经可以做得很好。爸爸妈妈可以让宝宝做一些力所能及的事情，比如扫地、倒垃圾等，让宝宝在劳动中体会喜悦和成就感。可以继续通过折纸、画画和剪贴等来锻炼宝宝的手工能力，进一步提高手的灵活性。

语言能力训练

🔔 能力特点

4~5岁宝宝的词汇量迅速增多，口语表达能力迅速提高，语句也比较连贯，能比较自如地与别人交谈，并能清楚地表达自己的要求、愿望和想法，能说出自己的生日、家庭住址，能够唱8~10首歌，复述3~4个听别人讲过的故事。

🔔 训练要点

爸爸妈妈可以和宝宝玩词语接龙游戏。爸爸妈妈先说出一个词语，比如"春天"，然后要求宝宝接着以"天"字开头说一个词语。这样做不仅能培养宝宝的发散思维，还能让宝宝积累更多的词汇。

知觉能力训练

🔔 能力特点

这个时期的宝宝对空间的认识已经比较完善了，能够轻松区别两个不同长度的物品，分清距离的远近。宝宝可以凭借对事物的具体形象或表象的联想来进行思考，逐渐由具象到抽象，慢慢建立基本的时间与数字概念，知道早上、中午、晚上的时间顺序，能理解昨天、今天、明天等时间概念。4~5岁的宝宝有了一定的审美观点，懂得好与坏、美与丑，会经常对着镜子打扮，看见陌生人会害羞，说错话会难为情。

🔔 训练要点

家长可以给宝宝买红、黄、蓝三种颜色的颜料，让宝宝运用这三种颜料调出不同的颜色，并且观察颜色的变化。妈妈也可以和宝宝玩剪纸的游戏，先在纸上剪出一些简单的小动物图案，然后让宝宝涂上颜色，最后让宝宝把涂好颜色的图案剪下来，这样既提升了宝宝的动手能力，又发展了宝宝的知觉能力。

情绪与社交能力训练

🔔 能力特点

宝宝在这个阶段逐渐停止竞争，懂得了一起玩耍要相互合作、分享玩具，获得了领导同伴和服从同伴的经验。他们开始有了嫉妒心，并能感受到强烈的愤怒和挫折感。

🔔 训练要点

鼓励宝宝参加力所能及的活动，培养宝宝的能力和责任心。可以邀请附近的宝宝们到家中玩"过家家"等游戏，进行角色扮演，培养宝宝的人际交往能力，提高宝宝的自理能力。

亲子游戏

投球 | Q

游戏目的 通过这个游戏能训练宝宝手臂的力量和敏捷性，还能增进爸爸妈妈和宝宝间的亲子感情。

准备用具 玩具球。

参与人数 2~3人。

游戏玩法

❶ 爸爸妈妈首先给宝宝做个投球的示范。

❷ 让宝宝使出全身力气往墙壁投出一球。

❸ 让宝宝跑去接反弹回来的球。

❹ 虽然刚开始球会四处弹跳，但是经过多次练习后，宝宝就能够控制方向了。

249

身体游戏2

追影子 🔍

游戏目的 训练孩子的空间想象力和身体协调性。

准备用具 无。

参与人数 2人。

游戏玩法

❶ 妈妈牵着孩子的手，让他看自己的影子。

❷ 在引起孩子的注意后，引导他去踩自己的影子。

❸ 孩子踩住影子后，借助光源让孩子脚下的影子变换位置，继续引导、鼓励他去追踩影子。

音律游戏

酒瓶打击乐 🔍

游戏目的 让宝宝在敲击声中感受快乐，在快乐中学习科学，从而激发他对音乐的浓厚兴趣。

准备用具 7个啤酒瓶、1双筷子、漏斗、水、标签。

参与人数 3人。

游戏玩法

❶ 把7个啤酒瓶沿"一"字排开，用漏斗按照由多到少的顺序依次加入不同量的水，然后用筷子依次敲击瓶口，听发出的声音是由低到高，还是由高到低。

❷ 由爸爸妈妈帮忙，调整瓶中的水量，使敲击瓶子时分别发出7个音阶的声音，分别贴上1、2、3、4、5、6、7的标签后，就可以"演奏"曲子了。

❸ 爸爸来讲小知识：啤酒瓶被筷子敲击所发出的声音高低，与瓶子中的水量有着密切的关系。瓶中水越多，发出的声音就越低，相反声音就越高。

认知能力游戏

分辨鸡蛋 | Q

游戏目的 让宝宝自己动手通过小实验来分辨好鸡蛋与坏鸡蛋、生鸡蛋与熟鸡蛋，训练宝宝对事物进行初步分辨的能力。

准备用具 鸡蛋若干、一盆水。

参与人数 2人。

游戏玩法

❶ 将鸡蛋放入一盆清水中，有的鸡蛋会沉下去，有的鸡蛋则会浮上来，到底哪些是坏鸡蛋呢？将沉下去的鸡蛋洗净取出，一部分入锅煮熟后晾凉。

❷ 将生鸡蛋与熟鸡蛋混在一起后，逐个在桌面上转动，有的转得快，有的转得慢，那么哪些鸡蛋是熟的，哪些是生的呢？

❸ 妈妈来揭秘：在水中浮起来的是坏鸡蛋，因为坏鸡蛋中的一些蛋白质氧化成气体跑出蛋壳外，重量就减轻了。转得快的是熟鸡蛋，因为蛋白和蛋黄已凝结成为一个整体了，更容易转动。生鸡蛋的蛋白和蛋黄都是液体而且比重不同，转动时两部分不会一起转，所以速度就比较慢。

专题 4~5岁宝宝的成长印记

检查日期:_____年____月___日

体重: ____ 千克   **身高:** ____ 厘米   **血红蛋白:** ____ 克/升

视力: 右眼 ____   左眼 ____

1. **您的宝宝看东西时有靠近、眯眼、歪头的现象吗?** □ 有   □ 没有

2. **您的宝宝听声音时有靠近、侧耳的习惯吗?**   □ 有   □ 没有
   如经常这样,请到听力诊断机构就诊。

3. **您的宝宝有龋齿吗?** (如有,请在下图的相应位置涂上颜色)

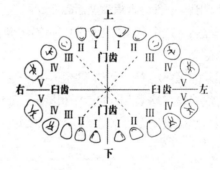

                                                    □ 有   □ 没有

4. **如果宝宝有龋齿,有及时进行治疗吗?**   □ 有   □ 没有
   乳牙龋病应及时治疗。

5. 您是否知道什么是体质测试吗?　　　　　　　　□ 是　　　□ 否

体质测试不仅要对宝宝的身体形态发育水平，如身高、体重等进行评价，而且要对宝宝的耐力、平衡力和身体的协调性、稳定性等进行测试与评价。所以，体质测试可以对宝宝做出更全面的评价，并为个性化教育提供一定的依据。

6. 您的宝宝是否经常吃油炸食品?　　　　　　　　□ 是　　　□ 否

宝宝经常吃油炸的东西容易引起肥胖及一些成人疾病。

四五岁的宝宝基本上可以与成人同时进餐了，午睡后可吃一些小点心，即"三餐一点"。一日的饮食中可安排 1 瓶牛奶（250 毫升）、1 个鸡蛋、75 克肉类、200 克粮食、200~250 克蔬菜、1~2 个水果和适量豆制品。

7. 您的宝宝能够控制自己的情绪（如家长未能满足他的要求时不撒泼、哭闹）吗?

　　　　　　　　　　　　　　　　　　　　□ 能　　　□ 不能

8. 您的宝宝能习惯并愉快地度过幼儿园的集体生活吗?　　□ 能　　　□ 不能

9. 您的宝宝是否喜欢小动物、花草，并具有关心他人的举动?　□ 是　　　□ 否

10. 您的宝宝能独脚站 10 秒左右吗?　　　　　　　　□ 能　　　□ 不能

在这 1 年中，您在教养宝宝方面有哪些心得，请记录下来:

----

5 岁宝宝生长发育记录

项目	您的宝宝	男（均值）	女（均值）
体重（千克）		18.3	18.2
身高（厘米）		110.0	109.4
头围（厘米）		50.7	49.9
胸围（厘米）		53.8	52.4

宝宝的特点

- 已经具有与成人近似的平衡感，能自由地跑和跳，还可以转圈。

- 宝宝具备了协调感和平衡感，可以用一只手按住纸，另一只手拿铅笔和蜡笔，能用刷子和手指涂鸦，还可以用许多积木搭建复杂的结构。

- 可以自如地与人交谈，并清楚地表达自己的意愿。

- 可以清楚地区别两个不同长度的物品，分清物品的距离远近。

- 能够控制自己的情绪，并文明地表达自己的想法。

第21章

5~6岁
的宝宝

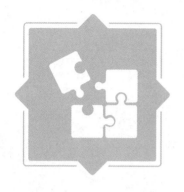

身心特点

萌出恒牙

宝宝从6岁开始萌出"六龄牙"，并且从下颌中切牙开始，乳牙逐渐脱落，萌出恒牙。

身体能力

大肌肉运动方面，宝宝5岁时可以学会跳绳，先是双足跳，然后是两脚交替跳绳；能独足连续跳或独足站立8秒，能从3~4级台阶上跳下或跳上。6岁时平衡和控制身体的能力进一步增强，可以闭着眼睛交替独足站立，足跟与足尖对着往后退着走，但手脚协调还是有点不太灵活，而且比较粗心。

精细动作发展方面，宝宝5岁以后可以开始学习写字，会抄写自己的名字或其他的字，但刚开始学写字时字体往往比较大，不太整齐，大小差异很大，笔画、方向常常颠倒。6岁时能学画菱形，画人时除了知道画出身体各部分以外，还会画出衣服、小辫子等。

这时的宝宝通常是非常快乐的。他乐于助人、善于动脑筋并喜欢谈论自己的想法，能准确判断自己能做什么、不能做什么，对表扬能做出得体的回应。

从这时开始，同伴群体开始对宝宝产生明显的影响，他开始与同龄的小朋友交朋友，更喜欢同一个或更多的小朋友一起玩耍，而不愿意自己单独玩了。宝宝会通过改变自己的行为来使朋友满意，也会努力使老师高兴，能够在集体活动中遵守一定的规范，自制力和忍耐力有所提高。

5岁多的宝宝能初步理解具象与抽象，能知道一年中12个月的名称和一周中每一天的名称。开始能看钟表，时间概念已比较明确，可以开始培养宝宝按时作息，让宝宝从小养成珍惜时间的好习惯。

帮忙做家务

随着宝宝年龄的增长，他的内心世界也越来越复杂，喜怒哀乐等比较细腻的情感也发达起来，更加敏感，自尊心也更强了。这时教育宝宝应该更加注意方法，针对宝宝的不同个性，因材施教。大人也要为宝宝树立榜样，要尊重宝宝，保护他的自尊心。

宝宝很快就要上学了，这时的宝宝已经有了一定的自理能力，吃饭、穿衣、大小便已完全不必依靠大人的帮助，而且能够帮助大人做不少家务了，如整理床铺、打扫卫生、买东西等。宝宝也更有主见了，在日常家庭生活中，宝宝可能会更多地发表自己的意见，甚至还会对大人的行为和周围的一些现象发表些见解了。

和朋友一起玩

5~6岁的宝宝非常喜欢与小朋友一起玩。无论是在室内做游戏，还是在户外玩耍，他们都能互相指定角色，一起设计游戏情节，共同协商，并在想象的世界中一起来解决问题，喜欢竞争，渴望胜利。当然，小朋友之间也可能发生矛盾，这时宝宝已经知道选择解决矛盾的方法，一般不会再轻易采用"武力"方式解决。

快6岁的宝宝已经能比较完整地复述一个熟悉的故事了，会自己编出一些原来没有的情节，想象力更加丰富，记忆的正确性也有了提高。抽象逻辑思维开始发展，但具体形象思维仍占主导。

有意记忆很短暂

6岁前的孩子，有意记忆都比较短暂，他们很容易忘记几周前所做的事情，比如有的孩子换了幼儿园，几个月后他就会把原来幼儿园的好朋友忘得一干二净，但是对个别好朋友的记忆时间会长一些。为什么会这样呢？这是因为这个阶段的孩子临时储存信息的功能几乎和成人一样，但是他们长时记忆的存储在大脑中占很小的比例，想要让他们把学到的东西长时间存储在大脑中很难。

喂养要点

开始减少脂肪摄入量

有专家建议，宝宝从5岁开始，应减少脂肪摄入量，预防日后肥胖症、糖尿病及心血管疾病的发生。5~6岁宝宝应进一步增加米、面等能量食物的摄入量，各种食物都可选用，但仍不宜多食刺激性食物。此阶段，宝宝饮食相较于成人饮食，仅主食中粮食的摄取量较少。当然，还是要注意膳食平衡、花色品种多样化、荤素菜搭配及粗细粮交替。烹调需讲究色、香、味，以引起宝宝的兴趣，促进食欲。食品的温度适宜、软硬适中才易为宝宝所接受。

注意补充钙及其他矿物质、维生素

6岁左右，宝宝开始换牙，所以仍要注意钙与其他矿物质的补充，可继续在早餐及睡前让宝宝喝牛奶。在不影响营养摄入的前提下，可以让宝宝有挑选食物的自由。此外，仍应继续培养宝宝形成良好的饮食习惯，如讲究饮食卫生、与成人同餐时不需要家长照顾等。此阶段如果饮食安排不当，宝宝易患缺铁性贫血、锌缺乏症、维生素A缺乏症、营养不良及肥胖症等营养性疾病。

每天吃的水果不应超过3种

宝宝每天吃的水果不应超过3种，要选择与宝宝体质相宜的水果。饱餐之后不要马上给宝宝吃水果，餐前也不是吃水果的最佳时间，应把吃水果的时间安排在两餐之间，比如午睡醒来之后，吃一个苹果或者橘子。

注意摄取膳食纤维

宝宝需要每天摄入膳食纤维10~15克。将富含膳食纤维的食品引入宝宝膳食前，应鼓励宝宝摄取更多的流质食物，如水、奶、汤等，以优化膳食纤维的功能。

卵磷脂让宝宝更聪明

卵磷脂是构成细胞膜和神经鞘膜的重要物质，它存在于大脑的每个细胞中，可提高大脑中的乙酰胆碱浓度，而乙酰胆碱能起到促进大脑神经细胞兴奋的作用，所以大脑中乙酰胆碱的数量越多，记忆、思维的形成就越快，那么人就可以保持充沛的精力和良好的记忆力。人体中物质的转换也必须有卵磷脂的参与。

🦴 营养来源

卵磷脂在牛奶、鱼头、鳗鱼、芝麻、蘑菇、山药、黑木耳、谷类、红花籽油、玉米油、葵花籽油等食物中都有一定的含量，但含量较多的还是大豆、蛋黄、核桃、坚果、肉类及动物肝脏。

流行性腮腺炎宝宝饮食调理

流行性腮腺炎是由腮腺炎病毒感染引起的一种急性呼吸道疾病，中医学称之为"痄腮"。如果宝宝患了腮腺炎，在药物治疗的同时，还要注意调理饮食。

1. 患有腮腺炎的宝宝，应该吃清淡多汁、容易咀嚼和消化的流质或半流质食物，如牛奶、豆浆、米汤、粥等。

2. 可以吃一些有清热解毒功能的食物，如绿豆汤、藕粉、白菜汤、萝卜汤等。

3. 增加营养丰富的新鲜水果汁和蔬菜汁，以增加宝宝的抵抗力。

4. 腮腺有炎症时，吃酸性食物会刺激腮腺分泌，加重疼痛。因此，患腮腺炎的宝宝应忌食酸性食物和饮料。

预防宝宝便秘的饮食注意

便秘不仅会让宝宝遭受排便时的疼痛，还会严重影响宝宝健康。判断宝宝是否便秘，应该从粪便的性状来观察，并且要看对宝宝的健康状况有无影响。由于每个宝宝的身体状况不同，所以每日正常排便次数也有差别。

🦴 饮食护理

1. 平时多摄取水分，建议喝柑橘类果汁或葡萄汁，所含的成分能够刺激肠道，有利于排便。

2. 多吃膳食纤维丰富的食物，如根茎类蔬菜、海藻类、芋头、香蕉等。

3. 引导宝宝尽量少吃高脂肪、高胆固醇的食品，这些食物不容易消化，容易长期滞留在肠道中，从而引起便秘。

温馨提示

警惕腮腺炎并发症

腮腺炎本身是轻微的疾病，但有时会引起流行性脑脊髓膜炎、脑炎或心肌炎等并发症，最后可能导致重听，甚至死亡。一般来说，5~15岁是最容易患病的时期。在春季，此病极易在托儿所或幼儿园流行，蔓延速度非常快，因此最好在入园前就接种疫苗。

护理要点

给宝宝一双合适的鞋子

现在宝宝跑跳已经非常自如了，所以妈妈需要给宝宝选择一双合适的鞋子，来保护宝宝的小脚。

宝宝换鞋子的时机

关于给宝宝换鞋的时机，下面有三个判断标准，只要符合其中一个，就需要给宝宝换新鞋了。

1. 旧鞋子已经穿了3~4个月了。这个阶段正是宝宝长身体的时候，脚长得非常快，所以需要经常换鞋。

2. 鞋子小了。在宝宝站立的状态下，从鞋面按下去，如果宽余处不够0.5厘米的话，就表明鞋子小了。

3. 鞋底已经磨损或变形。鞋底变形以后，走起路来会很不方便，必须及时更换。另外，如果鞋带或者搭扣损坏的话，也要换鞋。

选择最理想鞋子的标准

1. 鞋子的重量要轻一些。宝宝现在的活动量非常大，所以穿轻一点的鞋子比较好。试穿鞋子时，妈妈要注意宝宝的脚是否能轻松抬起。

2. 选择用天然皮革或布料做的鞋子。最好为宝宝选择真皮的鞋子，因为它的透气性和除湿性都比较好。布料的鞋也不错，透气性、舒适性都比较好。

3. 要给脚尖部留出足够的空隙。千万不要给宝宝买长度刚刚好的鞋子，至少要留出1~1.5厘米的空隙，这样宝宝穿起来才会舒服。

4. 鞋舌头能够调节脚背高度。每个宝宝的脚都不一样，而且两只脚也并不是完全一样的，所以要选择可以调节的鞋子。建议妈妈不要购买没有鞋舌头的鞋。

5. 鞋子开口要大。开口大的鞋子，穿脱起来更容易，宝宝会感觉很轻松。同时，要注意宝宝穿鞋子时不要扭曲脚趾。

6. 鞋底要防滑和耐磨。鞋底最好要弹性好、减震性强，防滑和耐磨性优良。

什么情况下需要看医生

1. 体温超过 38℃，持续高烧不退。

2. 大便或小便带有血丝。

3. 流血不止时，先止血然后立即就医。

4. 全身红疹，眼睛红肿。

5. 有喷射性呕吐现象。

6. 严重水泻不止，伴有呕吐，不能进食进水。

7. 呼吸不畅，脸色发白或发青，或安静时呼吸频率过快。

8. 有抽风（惊厥）的现象。

9. 精神萎靡，出现昏睡不醒或神志不清。

10. 有严重的咳嗽，咳嗽后呕吐。

注意宝宝的体温

💡 测量部位及时长

体温测量部位分口腔、腋下和直肠三种。正常体温的范围因测量部位不同而有所区别。

口腔测温：需 5~7 分钟，正常体温的范围是 36.3~37.2℃。

腋下测温：需 10 分钟，正常体温范围是 36~37℃。

直肠（肛门）测温：需 3~4 分钟，正常温度范围是 36.5~37.7℃。

💡 异常情况应对

如果超过上述正常范围，就表示身体的免疫系统对疾病有了一定的反应。所以，如果观察到宝宝有了异样的情况，要先量体温，如果在 38℃ 以下，可以先采用物理降温法，如冷敷等。6 个月~6 岁的婴幼儿，如果体温超过了 38.5℃，需要在家中吃点退烧药，然后立即看医生。

怎样使用抗生素

一般情况下，病毒感染引起的发热、咳嗽、流鼻涕等，用抗生素是没有用的，只有细菌感染的情况，使用抗生素才能缩短病程。

使用抗生素时，最好首选口服药，其次是打针，最后才是输液。另外，如果一种抗生素能起到作用，就不要增加第二种；要严格按照抗生素的使用说明来用药，注意药量和用药时间，千万不能自己想当然地增加或减少药量。不光是抗生素，还有其他的药，也要避免以下的用药误区：

1. 不能擅自给宝宝吃药，如果急需用药，一定要先咨询医生。

2. 不能给宝宝吃成人的药，或者按成人的药量来吃。

3. 不能一看到宝宝感冒就吃抗生素。

4. 不能用果汁、茶送服药品，特别是西药。

让宝宝更聪明的
认知训练

大动作能力训练

💡 能力特点

　　宝宝6岁时，神经系统的发育已较完善，因此已有很好的运动能力、协调感和平衡感。这一阶段的孩子跑跳自如，能在跳的时候躲闪，能追逐，能边跑边拍球或踢球，运动较之前更加剧烈。父母应经常带孩子到儿童游乐园或较宽敞的活动场所玩耍，有意识地提高他的运动能力。在活动过程中，父母要格外关注宝宝的运动安全。

💡 训练要点

　　让宝宝多去户外玩耍，鼓励宝宝参加打球、跳绳、骑自行车、跳舞、体操等活动。

精细动作能力训练

💡 能力特点

　　在这个时期，宝宝手部的动作更加灵巧，对不同的书写工具感兴趣，能写简单的汉字和三位数（用阿拉伯数字）；能画日常生活中的一些人和物，如房屋、汽车、花草等，能画出的人体部位也有所增多；能使用剪刀一类的工具做出比较出色的精细手工品；有的宝宝已经开始学习乐器了，如钢琴等。

💡 训练要点

　　父母在这一阶段要鼓励宝宝多动手操作，可继续用画、剪、贴、折纸、泥塑等多种方式提高宝宝的操作能力，培养宝宝的专注力和创造能力，比如用橡皮泥捏萝卜、火车、坦克，用纸折金鱼、书包、手枪，等等。

语言能力训练

💡 能力特点

　　在这一阶段，宝宝已掌握了2200～2500个词，语言能力有了进一步发展。他们能较自由地表达自己的思想感情，乐于谈论每一件事；

经常模仿大人的语气讲话，喜欢表演自己熟悉的故事，扮演一些简单的角色。语言的发展与智力和情感的发展相互关联，体现了这个时期宝宝的复杂个性。

训练要点

父母要鼓励宝宝参加演讲、朗诵和家庭讨论会，提高口语表达能力，并指导宝宝通过阅读儿童文学作品提高阅读能力和兴趣。同时，也要开始培养宝宝听人讲话的习惯，不能只听自己感兴趣的内容。此外，还要培养宝宝良好的说话习惯，告诉宝宝在不同场合、对不同的人要有不同的表达方式。

知觉能力训练

能力特点

宝宝能够初步理解具象与抽象，知道一年中12个月的名称和一周中每天的名称，能看钟表，时间概念比较明确，并且逐步明显地表现出自己的特长和兴趣爱好；在空间认识方面，开始以自身为中心辨认左右方位，但发展尚不完善，只能达到完全正确地辨别上、下、前、后四个方位的水平。

训练要点

父母带领宝宝体验行走的路线和认明标志物，如熟悉去幼儿园的路程、看公共汽车线路图等，训练其空间定位能力；要有意识地培养宝宝的观察力和注意力，比如让宝宝观察某一种植物，注意它的变化，并及时告诉父母。此外，还应有计划地布置各种宝宝能够完成的任务，训练他控制自己注意力的能力。

情绪与社交能力训练

能力特点

在这个阶段，宝宝的内心世界越来越复杂，一些比较细腻的情感也发达起来，自尊心也更强了，开始能够使自己的行为不受周围环境的影响。宝宝的意志品质有了比较明显的提高，但还未发展完善，目的性、自制力等都只是有一些初步的表现；在道德行为方面有了进一步的发展，懂得了同情别人，互助友爱。

训练要点

父母在这个时期可通过游戏、作业和劳动有计划地培养宝宝良好的意志品质。在对宝宝进行道德教育的时候不能光讲道理，要结合具体事情让宝宝在实践中巩固道德行为。同时，父母不要以自己的尺度约束宝宝交朋友，要多鼓励宝宝走出家门，广交朋友，提醒他们要互助友爱。

亲子游戏

视觉游戏

看"七色彩虹" 🔍

游戏目的 让宝宝自己动手捕捉到"七色彩虹"，在不断取得实验成功的过程中提升探索的兴趣。

准备用具 不透明塑料袋或塑料信封、小镜子、水盆、手电筒、白纸、剪刀。

参与人数 2人。

游戏玩法

1. 用剪刀在塑料袋上剪出一个1厘米×10厘米大小的长方形孔。

2. 把小镜子放入袋内，镜面在长方形孔处露出。将塑料袋放入水盆中，使里面的镜面处在水面之下，斜靠在盆沿上。

3. 用手电筒对着镜面照射，让镜面反射的光线照在白纸上。

4. 仔细看，在白纸上会出现一个亮块，亮块里是红、橙、黄、绿、青、蓝、紫的"七色彩虹"。

264

精细动作能力游戏

叠千纸鹤 | 🔍

游戏目的 锻炼宝宝的动手能力，促进大脑的发育。

准备用具 彩色纸若干张。

参与人数 2人。

游戏玩法

❶ 将正方形的纸对角折。

❷ 再对角折。

❸ 拉开上层袋子。

❹ 背面折法相同。

❺ 集中一角折，背面相同。

❻ 打开，背面相同。

❼ 按照折痕，打开袋子向
上拉，左右两边向中心
线折。

❽ 背面折法相同。

❾ 折成双棱形后，再压折出
颈部。

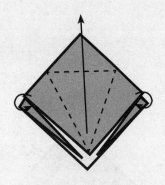

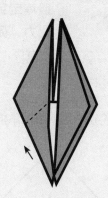

❿ 压折出头部和尾部。

⓫ 两角向下折成翅膀。

⓬ 翅膀向上拉平。

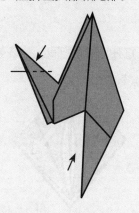

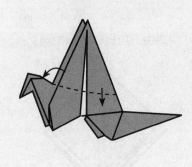

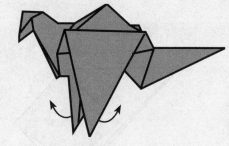

⑬ 向后拉动尾部，千纸鹤的翅膀就动起来了。

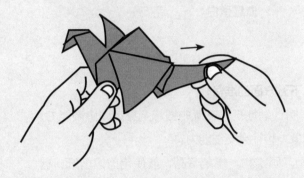

会玩耍的孩子创造力更强

有研究表明，在全球富裕的发达国家中，荷兰孩子的幸福度最高，这和这个国家的物质财富、健康安全、行为风险、教育等方面息息相关。特别是荷兰的教育，为孩子的幸福之路铺就了一条快速通道。

在荷兰，孩子们的童年是在无拘无束的玩耍中度过的，极少有学业压力。荷兰孩子很自信，能和家人保持重要联结，能和朋友建立忠诚的友谊。荷兰的学龄前儿童只玩耍不识字，父母认为这个时候孩子的心智发展还没有为读写做好准备，所以孩子开始学习的时间一般都比较晚，学习也更慢些，但是到了二年级时，他们都能够进行读写和算数。

也有研究表明，孩子在早期享有非结构化游戏（自由发挥类游戏，如艺术音乐类、乔装打扮类、游乐园探索类等）的时间越多，他们的大脑获得自然发展的时间就越多，因而过早进行常规书本教育，对孩子来说未必是件好事。

虽然荷兰的学校里没有激烈的竞争，但是在创意、创新和创业等方面取得了非凡的成就，涌现了许多知名的艺术家、设计师和建筑师。

专题 5~6岁宝宝的成长印记

检查日期: _____年___月___日

体重: ___ 千克 **身高:** ___ 厘米 **血红蛋白:** ___ 克/升

视力: 右眼 ____ 左眼 ____

宝宝就要上学了,应让宝宝做好以下五方面的准备:

1. 学会玩:教会宝宝有目的、有计划地玩,在玩中锻炼全身运动协调能力、辨别方向能力、语言表达能力、想象力和社会交往能力。

2. 学会画、剪、刻:能照样画,画实物,想象着画;能使用剪刀剪纸,剪简单的图形;能用小刀雕刻橡皮泥、萝卜、木块等,提高手部活动的灵活性、手眼协调能力和创造力。

3. 学会看、听、摸:多听、多观察大自然中瞬息万变的东西;动手感受世间万物的差异,锻炼分析、比较能力。

4. 培养宝宝的学习兴趣:讲明上学的目的,介绍学校的趣事,使宝宝渴望上学。

5. 教会宝宝自己整理书包,会使用并爱护学习用品。

1. 您的宝宝开始换牙了吗?　　　　　　　　□ 是　　　□ 否

宝宝6岁左右开始换牙,常从下颌中切牙开始。换牙的时间因人而异,可相差1~2年。

如果恒牙萌出时,同一位置的乳牙未脱落,请及时到口腔科就诊。

2. **您的宝宝是否吃早餐?**　　　　　　　　　　　　□ 是　　　□ 否

   宝宝上学后，早上时间比较紧，常常会忽略早餐的营养搭配，甚至不吃早餐，这对宝宝的健康不利。早餐的能量摄入应占全日能量摄入的1/4，除家长已普遍重视的鸡蛋、牛奶外，能够提供丰富能量的谷类食品也必不可少，最好还能吃一些蔬菜和水果。

3. **您的宝宝会写自己的名字吗?**　　　　　　　　　□ 会　　　□ 不会

4. **您的宝宝是否能分辨前后左右?**　　　　　　　　□ 是　　　□ 否

5. **您的宝宝能正确使用文明用语（如谢谢、对不起）吗?**　□ 能　　　□ 不能

   在这 1 年中，您在教养宝宝方面有哪些心得，请记录下来：

0～6岁免疫规划疫苗免疫程序表

名称 年（月）龄	乙肝疫苗	甲肝减毒活疫苗	卡介苗	脊灰疫苗	百白破疫苗	麻风疫苗	麻腮风疫苗	乙脑减毒活疫苗	流脑疫苗
出生	※		※						
1个月	※								
2个月				※					
3个月				※	※				
4个月				※	※				
5个月					※				
6个月	※								※（A群）
8个月						※		※	
9个月									※（A群）
1岁									
1岁6个月		※			※		※		
2岁								※	
3岁									※（A+C群）
4岁				※					
6岁					※ （白破）		※		※ （A+C群）